U0208628

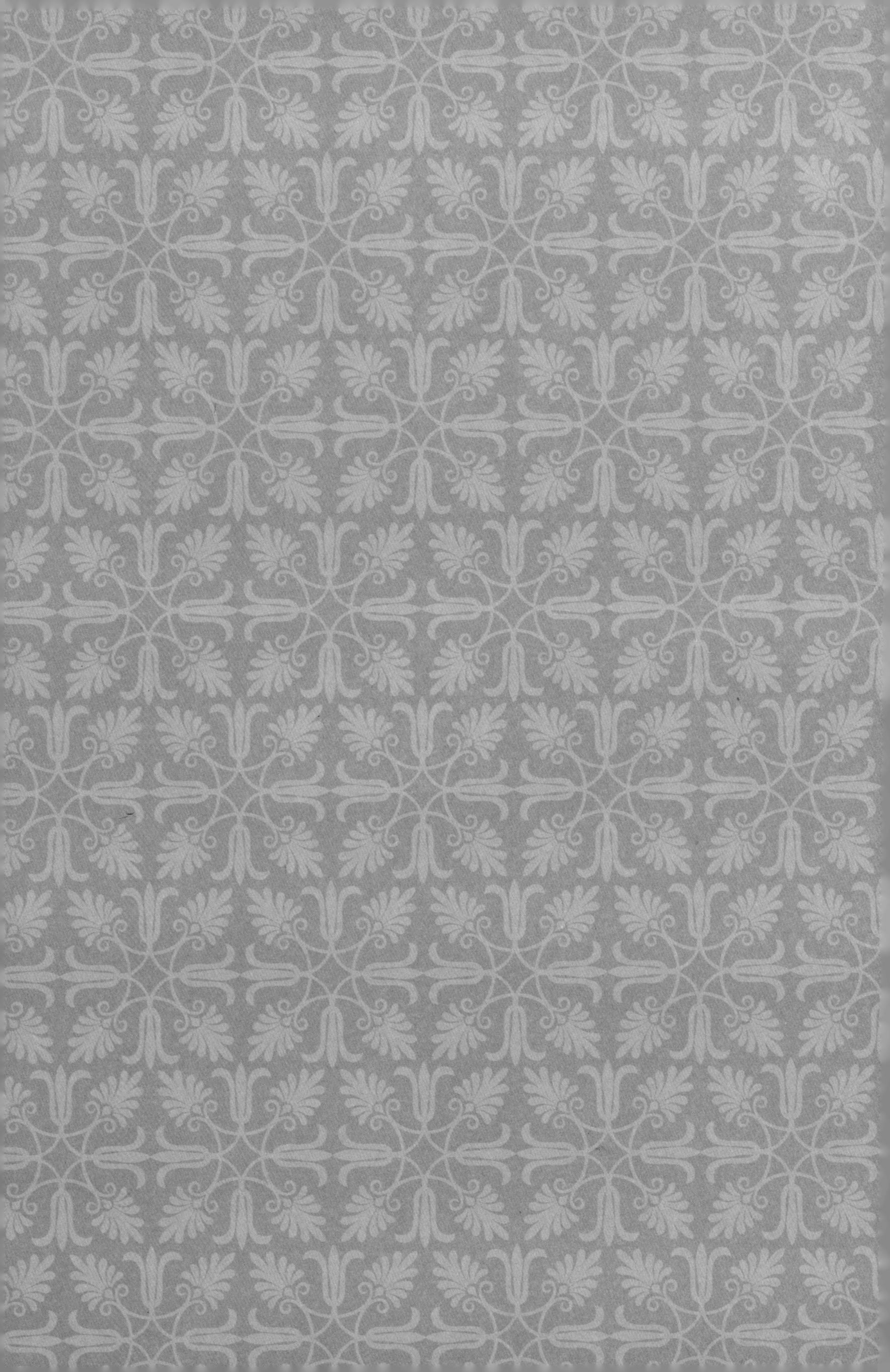

科学原来如此

叛乱的机器人

高　永◎编著

金盾出版社

内 容 提 要

人类从未停止过研究机器人的脚步，如今，虽然机器人并没有普遍取代人类的工作，但是还是有很多领域都有机器人的影子，比如生产业、建筑业或某些比较危险的工作等等。几乎，机器人除了没有肉身之外，其他地方似乎和我们人类没有什么不一样。那么，机器人真的愿意永远为我们人类服务吗？

图书在版编目(CIP)数据

叛乱的机器人/高永编著. —北京：金盾出版社，2013.9
(科学原来如此)
ISBN 978-7-5082-8484-2

Ⅰ.①叛… Ⅱ.①高… Ⅲ.①机器人—少儿读物 Ⅳ.①TP242-49

中国版本图书馆 CIP 数据核字(2013)第 129547 号

金盾出版社出版、总发行
北京太平路 5 号(地铁万寿路站往南)
邮政编码：100036 电话：68214039 83219215
传真：68276683 网址：www.jdcbs.cn
三河市同力印刷装订厂印刷、装订
各地新华书店经销
开本：690×960 1/16 印张：10 字数：200 千字
2013 年 9 月第 1 版第 1 次印刷
印数：1～8 000 册 定价：29.80 元

机器人是什么？我们给它这样定义，它是一种自动装置，能按照我们的指挥或者是事前编制好的程序工作，它能帮助我们工作，甚至能代替我们工作。

机器人有很长的发展历史，我们一直渴望能够制造出一个机器人像我们人类一样行走和思考。1920 年的时候，机器人的概念开始出现，当时是在一本科幻小说中被提及，之后就一发不可收拾，人们对机器人的渴望越来越强烈，科学家研制机器人的步伐越来越紧迫。

经过科学家们的努力，现在我们已经可以看到很多种机器人在为我们服务，它们活跃在各个领域，向我们展示自己的非凡才能。

在很多领域我们都需要机器人的帮助，例如，生产工业、建筑工业等，这些需要大量劳动力的领域，机器人很重要。工业机器人、机械手等机器人就是为了提高工业生产效率而研制出来的，这些机器人跟人类相比，不但生产速度更快，而且工作起来也比人工精确，大大提高了质量水平。还有一些机器人能代替我们去做一些危险的工作，这样就提高了人员的安全性，例如，救援机器人、救灾排险机器人、排爆机器人等，有了这些机器人去帮我们做那些危险的工作，再也不用担心人员伤害了。一些机器人也是为了科学研究工作而研制的，例如，水下机器人能帮我们探索海洋的秘密，开发庞大的海洋资源；空间机器人能去太空中遨游，发现宇宙的奥妙；太空机器人能在太空中，代替我们做一些太空工作。这些机器人都是高科技产品，每一个机器人都堪称是一个“科学家”。还有一些机器人是为了为我们服务而研制的，贤惠能干的家用机器人、提供欢乐的娱乐机器人、关注我们身体健康的医用机器人、热情洋溢的导游机器人和导购机器人、强大安全感的保安机器人等。当然，最值得一提的就是那些最接近人类还有其他生物的机器人，仿生机器人，不但与生物外形一致，还有与生物几乎相同的能力，苍蝇机器人、壁虎机器人等无一不是惟妙惟肖；仿人机器人，与我们的外形如出一辙，动作也要灵活很多，只可以没有我们的思考能力；类人机器人，目前为止最大的成果，不但有与我们相似度极高的外形，还具备一定智能。

每一个机器人都具有自己的特异功能，想要了解这些机器人吗？我们一起来畅游机器人的世界！

目录

CONTENTS 目录

CONTENTS 目录

机器人的历史

◎智智在看动画片哆啦A梦。

◎智智抱着妈妈的手臂。

◎某天回家后的妈妈给智智一个漂亮的盒子。

◎智智和机器猫一起玩。

了解机器人

同学们，你们有看过《机器人总动员》这部电影吗？你们喜欢里面各式各样，可爱有趣的机器人吗？相信每一个孩子都曾幻想过拥有一个机器人朋友，可是大家了解机器人吗？说到机器人，大家会想到什么呢？动画片里神奇的哆啦 A 梦、电视剧《绝对计划》里活泼可爱的汤圆、电影里的英雄变形金刚……这些都是我们对机器人的憧憬。然而，现实生活中的机器人并不是这样的。

那现实生活中的机器人是什么样的呢？人类给机器人的定义是一种能够自动执行工作的机器装置。我们发明机器人是为了让它们代替我们做事，生活中常常会有一些危险或者强度大的工作，例如，排爆、建筑业等。如果有了机器人，我们不但可以节省很多力气，而且能够避免在工作中遇到危险。当我们制作的一个装置能按照事先编排好的程序为我们做这些事情的时候，这就可以算是一个机器人了，所以，机器人不一定都是像变形金刚或者哆啦A梦那样完美的哦！

机器人很棒，它们能在很多方面帮助我们，例如，医学、农业、建筑业、车间里、军事领域、科学研究等方面，机器人都可以助我们一臂之力，帮助我们更好地完成工作。根据我们在不同领域的需要，我们发明了很多种机器人，为了分清楚这些机器人，我们对它们进行了简单的

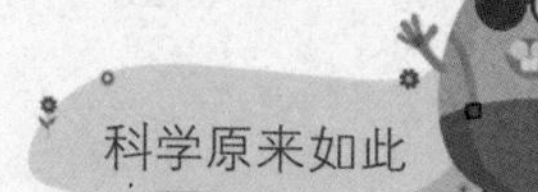

分类，一般分成工业机器人和特种机器人两种。工业机器人就是在工业领域里每天帮助工人们辛勤工作的机器人，例如，机械手、焊接机器人等，而那些用于非制造业并且为人类服务的机器人就是特种机器人了。例如，服务机器人、娱乐机器人、聊天机器人等，都很贴近我们的生活，让我们的生活更加的精彩；农业机器人、水下机器人、军用机器人、空间机器人等，功能都很强大，是我们的得力助手。

机器人走进我们的世界

机器人是怎样走进我们的世界中的呢？答案是幻想。人们一直幻想有一天，机器像人类一样，可以按照我们的想法做各种事情，于是机器人在我们的脑海中有了模糊的形象。我们渴望能够制造出人类的机器人朋友，可是想让一个机器有人类一样的思想非常的不容易，在这期间，我们付出了上百年的努力，终于制造出了智能机器人，这是目前最接近人类梦寐以求的机器人朋友的机器人。

说到机器人的历史，要从机器人的得名开始。捷克斯洛伐克作家卡雷尔·恰佩克在他的科幻小说中创造了“机器人”这个词，给了人类幻想中的这位朋友一个名字叫做“Robot”，翻译成中文就是“机器人”，不过我们有时也会亲切地叫它“罗伯特”。美国的科幻作家阿西莫夫在他的科幻小说里还为机器人们创造了一套“机器人三定律”，根据这个定律，机器人要永远为人类服务，永远做人类的好朋友。在接连的科幻幻想中，人们更加期待机器人朋友的出现，希望它们能像我们一样思考，能做任何我们可以做到的事情，能像我们一样说话。顺应着人们的期待，机器人“Elektro”出现了。Elektro 是西屋电气公司制造的一个家用机器人，它能像人一样走路，会抽烟，还会说话，虽然它只能说 77 个字，但是已经足以满足人们对机器人憧憬的心了。

Elektro 的出现，使得人们对家用机器人的想象变得更加具体，人们开始努力去研发智能机器人。关于如何研发出智能机器人，我们经历了漫长时间的探索，制造了各种模型，不断解决遇到的各种问题，寻求最好的方法，努力地去研发出一种能“有感觉”的机器人。世界上第一个智能机器人是美国的 Shakey，它能按照人们的指令去抓积木，不过需要有一台房间大的计算机来控制它。

最善于研发仿人机器人和娱乐机器人的是日本的专家，“仿人机器人之父”就是日本的加藤一郎，他研发出了第一台以双脚走路的机器人。索尼公司曾经推出了一种犬型机器人，名叫“AIBO”，我们叫它“爱宝”。爱宝的造型是可爱的小狗，孩子们都喜欢的不得了，刚一面世就被一抢而空。娱乐机器人的发展迅速，工业机器人的发展也很快。通用工业机器人 PUMA，能送药、送饭、送邮件的机器人 Helpmate，会自己设计路线、自己充电的吸尘器机器人 Roomba……这些机器人都相继出现，智能的家用机器人逐渐开始席卷地球了！

古代机器人

现代人对机器人充满了幻想，古代人也同样对机器人有自己的想象，中国古代就出现过很多机器人，它们虽然不像现在的机器人这样智能，但它们也是古代人的机器人朋友。

古代的时候，人们对机器人的想象还没有我们这样丰满，只是希望能造出一个像人一样的机器帮助人们工作，但是他们造出来的机器人也并不比我们逊色。

在我国的历史记载中，最早的机器人就是西周时期的一个“伶人”，这是当时的一个能工巧匠制造出来的，这个“伶人”又会唱又会跳，十分精巧迷人。我国著名的木匠鲁班还做过一只飞鸟，传说这只飞鸟在天上足足飞了三天才降落呢！怎么样，是不是比现在的机器鸟还要厉害啊？同学们一定都知道汉朝的大科学家张衡做过一个地动仪，但是恐怕大家却不知道他还做了一个很有趣的东西，叫做“记里鼓车”。这个记里鼓车可有意思了！这辆车可以自己走，车上有鼓有钟，还有两个小木人，可不要小看这两个小木人哦，记里鼓车每走一里，小木人就击一次鼓，每走十里，小木人就击一次钟，同学们，你们说这是不是一个神奇的机器人呢？还有三国时期，聪明的诸葛亮也发明过一个叫“木牛流马”的机器人，他还用这个机器人运送过军粮呢！

我国古代人们的智慧真是不能小看，他们发明的机器人样样都很棒呢！

仿人机器人就是指能够模仿人的形态和动作的机器人，这种机器人一般都做得很逼真，它们的外表和人类一样，有头部和四肢，只是没有精致的五官。和其他的机器人相比，仿人机器人集众多高科技技术于一身，是研发起来最难的机器人。

学生：老师，张衡发明的记里鼓车真是有趣，那这个机器人是为了娱乐而发明的吗？

老师：其实不是的，记里鼓车的真正用途是计算道路里程，原本叫做“记道车”，后来张衡做了改良，加了走一里路就打一下鼓的装置，所以就改名叫“记里鼓车”了，它是能够自动记载行程的车辆。

停不住的机器人

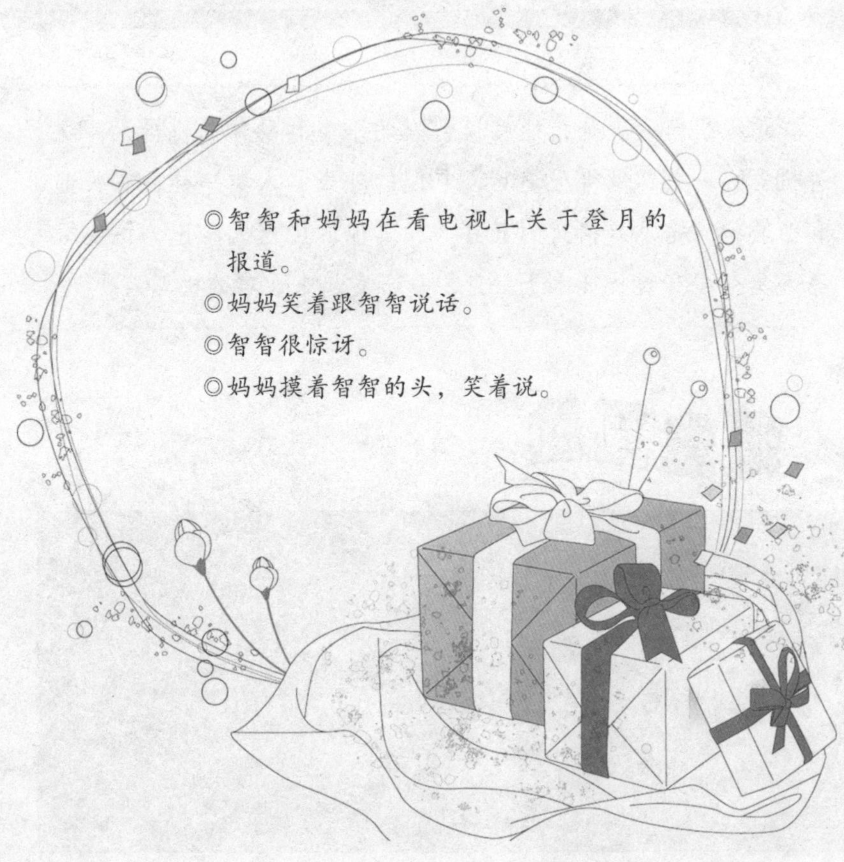

◎智智和妈妈在看电视上关于登月的报道。

◎妈妈笑着跟智智说话。

◎智智很惊讶。

◎妈妈摸着智智的头，笑着说。

移动机器人的出现

小朋友们，每当晚上的时候，你看到满天的繁星和圆圆的月亮，你是否对宇宙充满了好奇呢？不只是你们哦，现代的科学家以及古代的人们，无一不希望能够去探索宇宙的秘密。我国自古以来就有嫦娥奔月的传说，就是因为人们对宇宙太向往了。甚至有一个叫做“万户”的人，还曾想坐着绑着爆竹的椅子上天呢！

小朋友们，你们一定没有想到吧，古人没有做到的事情，现在居然让机器人做到了！做到这件事情的机器人就是移动机器人。怎么样，你现在是不是对移动机器人充满了好奇呢？是不是很想一睹移动机器人的风采呢？不要着急，我们现在就去认识它们吧！

是什么让我们产生了发明移动机器人的想法呢？就是想要探月的心态，让移动机器人这一重要成员出现了。现在世界上已经有好多宇航员登上了月球，可以在之前我们还不能把人送上去，于是机器人就代替我们上了月球。60 年代后期，美国和苏联想要完成探月计划，于是一起努力研制了移动机器人。美国的“探测者”3 号一出生就迫不及待地展示了自己的本领，我们在地面上遥控它们，它们就在月球上欢快地工作着，不但在月球上挖了沟，还执行了还多其他的工作。苏联的“登月者”20 号也不示弱，在无人驾驶的情况下，它稳稳地降落在了月球上，做了很多事情。它在月球的表面上钻削岩石，还把岩石和土壤的样品装进了收容器，带回了地球呢！怎么样？“登月者”20号是不是一个好棒的机器人啊？

不是所有的移动机器人都是为上月球而生的，有些移动机器人是为了适应原子能应用而开发的，如极限作业机器人，还有的移动机器人是为了海洋开发的需要，比如，水下机器人。正是因为不同的移动机器人有不同的使命，所以这些机器人的研发内容也是不同的。但是有一些技术是基本的，每个机器人都会有，例如，传感器技术、移动技术、操作器、控制技术还有人工智能，这些技术就相当于一个机器人的眼睛、耳朵、皮肤感觉、听觉还是触觉，所以是绝对不能少的。移动机器人要行走到各个地方，轮子是必不可少的，有适合在平地行走的轮式轮子，有适合在一些坑洼不平的地面上行走的足式轮子，此外还有混合式、特殊式的轮子，靠着这些轮子，移动机器人无论在什么样的环境都能自由自在地走来走去了！

移动机器人本领大

移动机器人的本领很大，什么环境下都能工作，这与我们花费在它们身上的心血十分不开的。就像我们每一个孩子都是妈妈的宝贝一样，移动机器人也是科学家们的宝贝。移动机器人身上可有不少高科技技术成就呢，什么人工智能啊、传感器技术啊、信息处理、电子工程、计算机工程……都是它的法宝呢！现在，移动机器人可以说是机电一体化的最高成就了，全世界都在关注它们的发展。

超人要保护地球是因为他有超能力的本领，移动机器人虽然不如超人，但是也是个本领不小的家伙了，所以它的责任也很重大呢！我们在很多领域都用到了移动机器人，例如，工业、医疗、服务业、农业等领域，都是它们工作的地方。小朋友们，你们以为移动机器人只会为我们的生活琐事而服务吗？那你们可就想错了，它们有时也是和超人一样的英雄呢！在一些有害和危险的场合，移动机器人总是第一个冲在前面的呢！例如，国防和城市安全、空间探测等领域，难免会有辐射或者是有毒，甚至有的地方人类都是去不了的，这时有移动机器人出马，一切问题都解决了！

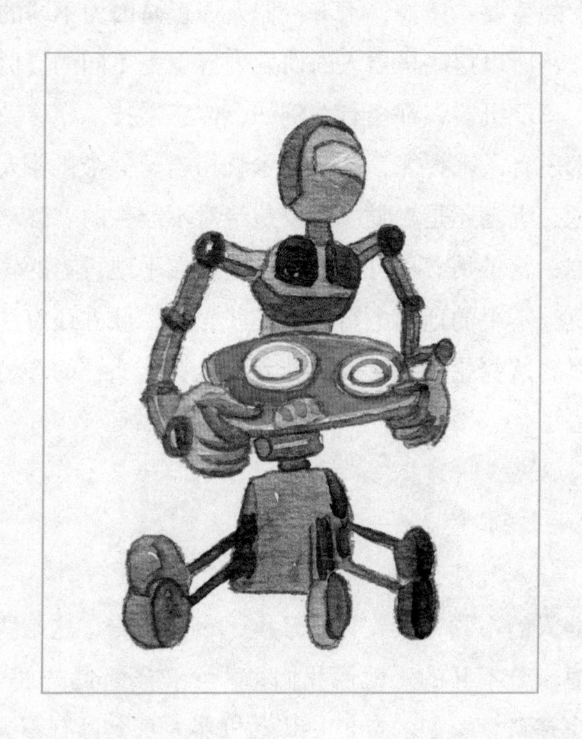

我们需要移动机器人

从60年代末期我们就开始研究移动机器人了，美国人一直想要依靠人工智能技术研究出一种机器人，它能够在复杂的环境中自己对突发事件做出推理、有自己的处理办法并且很好的控制事情的发展，这样的机器人俨然就是一个“活人”了！后来他们研发出了一个自主移动机器人，取名“Shakey”。

之后移动机器人的发展越来越快，而我们也发现，在越来越多的领域，我们都需要移动机器人，可以说，我们已经开始依赖它们了。应用领域变大了，移动机器人的工作不但变得多了，而且变得更加的复杂了。就像我们在学校里要学习好多科目一样，移动机器人只会一样本事也是不行的，所以，我们把好多好多的高技术都用到了它们身上，移动机器人也越来越厉害了。

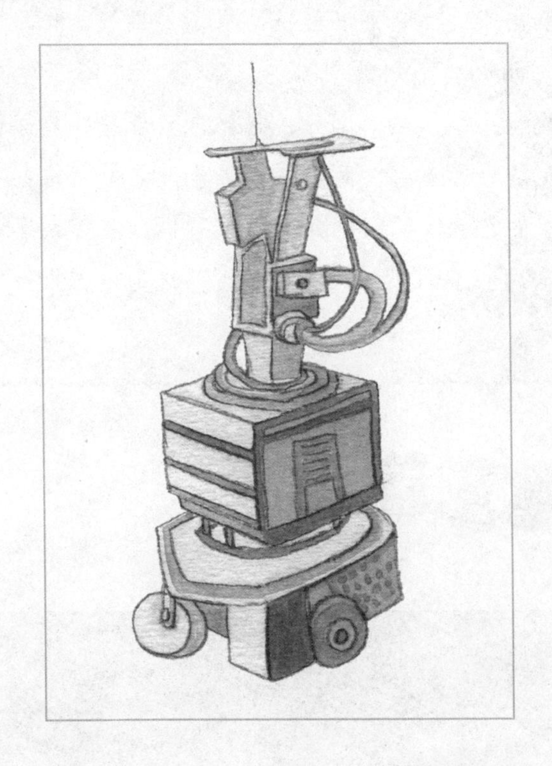

现在，几乎没有什么事情是移动机器人做不到的。宇宙探测？小菜一碟！海洋开发？无论下去多深都没有问题！原子能？辐射、毒害，都是小问题啦！还有在我们的生活中，工业、采矿、建筑、军事、农业、服务……这么多领域它们都能做得很好，真是了不起啊！针对移动机器人的这些本领，我们把它们分成了四个小组，分别是工业机器人、探索机器人、服务机器人还有军事机器人。四个小组在四个领域各司其职，忙得不亦乐乎啊！

小链接

移动式机器人 Shakey 是美国斯坦福国际研究所用了四年的时间才研制出来的，它可以第一个有了人工智能技术的机器人哦！所以，Shakey 比别的机器人要聪明，它能产生自己的想法，然后执行一些任务，比如，它会自己去寻找箱子，再把箱子推到指定的位置上去，而以前的机器人要做到这些事情是需要人工遥控的，就像我们玩儿的遥控飞机、遥控汽车一样，可是 Shakey 却可以自己就做到这些事情，这是机器人研究领域的一个大突破。

学生：老师，移动机器人这么多用途啊，您能介绍几个机器人吗？

老师：当然可以！美国的“丹蒂”机器人是专门从事远足探险工作的，德国的一款轮椅机器人在人流极大的地方经受住了 36 小时的考验呢，还有日本，研发出了两足行走移动机器人。

工人们的好帮手

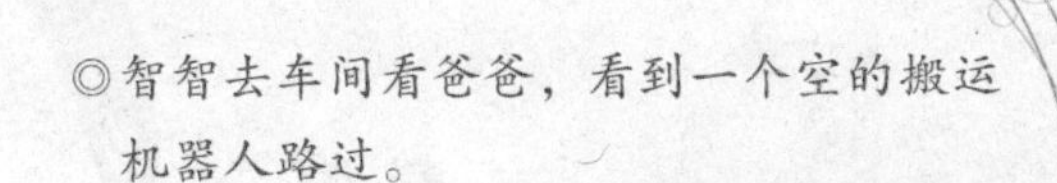

◎智智去车间看爸爸，看到一个空的搬运机器人路过。

◎智智盯着机器人，机器人在某处装满了货物后又从智智面前经过。

◎爸爸看到智智，抱起他，智智问爸爸。

◎爸爸笑着回答智智。

认识工业机器人

同学们，你们有没有去车间里看过叔叔阿姨工作啊？如果没有的话，那你们有没有在电视上看到过车间里工人们工作的情景呢？无论是在现实生活中还是在电视里，大家一定都注意到了，在车间里工作的除了工人叔叔阿姨们以外，还有一部分“工人”，那就是工业机器人。

凡是在车间里不断工作，为工人们的工作提供便利的装置都是工业机器人。工业机器人非常的重要，它们是工人们的好帮手，正是因为有了它们，车间里的工作不但效率提高了，而且也不像从前那样累了。看到工业机器人们这样厉害，你是不是已经迫不及待想要认识它们了呢？不要着急，现在我就来为大家介绍几个重要的工业机器人。

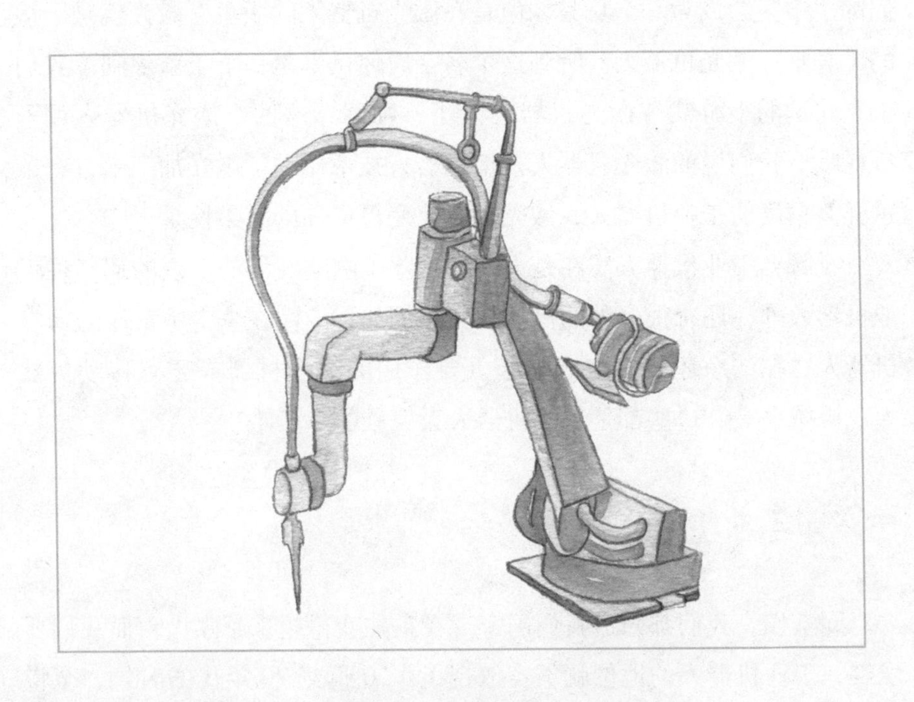

首先是焊接机器人。说到焊接机器人，那可不得了，它对汽车工业做出了杰出的贡献呢！我们都知道，要制造出一辆汽车是要花费很长时间的，尤其是焊接的时候，为了让汽车更加的安全，焊接是一项重要的工作。在没有焊接机器人的时候，我们的焊接工作可累了，而且效率很低。自从有了焊接机器人，我们再也不用烦恼焊接工作了！焊接机器人可能干了，它们焊接出来的东西比我们人工焊接出来的还要结实，还要快，这样一来，我们可省了不少力气呢！焊接机器人都很大哦，我国国内首台165公斤的焊接机器人就在奇瑞汽车的车间里快乐地工作着！

弧焊机器人在汽车业也很重要哦！点焊机器人主要帮助我们做一些汽车整车的焊接工作，而弧焊机器人则是帮助我们焊接一些小的零件，它是个很灵巧的机器人呢！

在车间里，还有一种激光加工机器人。男孩子都很爱玩激光，家长和老师看见后就会阻止并且说，激光对眼睛不好，不要乱玩。激光在我们的手中只会成为一个玩具，但是在激光机器人的手里，激光就是干活的工具哦！激光机器人？听到这个名字后你是不是一下子就想到了我们最喜欢玩的小游戏“激光机器人”了？呵呵，这两个激光机器人可不一样哦。我们说的激光机器人是把机器人技术用在了激光加工中，有了这样高精度的工业机器人，激光机工业变得更加的有柔性了。

哎呀，工业机器人实在是太多了，除了刚刚我们简单说的那三种工业机器人外，还有很多种的机器人呢，例如，专门在真空中工作的真空机器人、在洁净环境中生产时起重要作用的洁净机器人还有移动机器人、机械手等，这些都是工业机器人大家族的一员哦！

中国的工业机器人

同学们，我们都知道我们国家现在正在变得越来越强大，而我们要发展，工业机器人的地位就不容忽视了。20 世纪 70 年代的时候，全世界都在搞科技，有的搞卫星、有的搞登陆月球，而我们则在搞工业机器人。

同学们，现在看看你的身边，都有什么东西是成套的呢？书包里成套的三角板、圆规和直尺，厨房里成套的餐具，卧室里成套的家具……我们总是喜欢把东西弄成成套的，这样感觉才好。同样，80 年代在我们研发工业机器人的时候，我们也是在研发成套的工业机器人，包括喷涂机器人、点焊机器人、弧焊机器人、搬运机器人……各种各样的机器人，就像是一个整齐划一的大家庭一样，多么可爱啊！

到了90年代，我们对工业机器人的热情就更加的浓烈了。不仅在工业机器人的大家庭中又添加了不少新成员，还形成了一批机器人产业化基地呢！我国的机器人产业终于开始腾飞起来了！

在中国，有好多机器人工作的工作站，例如，机器人涂胶工作站、机器人焊接工作站、机器人自动装箱和码垛工作站等，都是由机器人当家做主的地方。

现在，工业机器人的市场越来越大了，而我国在工业机器人领域也前行的越来越远了，将来，绝大多数工业机器人的祖国都会是中国哦！

工业机器人的未来

同学们，工业机器人对我们如此重要，你们说它们的未来会怎么样呢？哈哈，相信大家都猜到了，像工业机器人这样优秀的“员工”当然会前程似锦啦！

不只是在中国，工业机器人在发达国家同样是被追捧的对象呢。在一些国外的汽车行业、电子电器行业、工程机械行业等，工业机器人是最棒的员工，它们不但工作效率高、工作质量好，而且不会有工伤事故呢！在三一重机的快速发展中我们就可以清楚地看出工业机器人对工业发展的重要性，2007 年的时候，工业机器人开始出现在三一重机的车间中，之后他们的企业销售量就开始剧增。如今，我们已经可以在他们的车间里看到几百个工业机器人有条不紊地工作着，个个都是车间里的“好手”呢！

工业机器人不仅现在很“红”，将来还会更“红”，未来的科技发展对象中，机器人就是重要的一项呢。

中国不但会是绝大多数工业机器人的祖国，而且将是未来工业机器人最大的用武之地呢！中国的未来将与工业机器人有无穷无尽的牵扯。

小链接

激光是科学界的一项重大发明，最初出现在中国的时候，激光还不叫激光，而是叫做“镭射”和“莱塞”，后来应我国科学家钱学森的建议，改成“激光”。激光的应用非常广泛，激光雷达、激光唱片、激光切割等，都是对激光的一种应用。正是由于激光的重要作用，激光还被称为“最快的刀”、“最准的尺”和“最亮的光”。

学生：老师，中国的工业机器人发展这么快，是不是可以被称为“机器人王国”了？

老师：不是的，虽然中国十分重视工业机器人，但是真正的“机器人王国”其实是日本。因为发明机器人主要是为了节省劳动力，而日本就是劳动力急缺的国家，中国则是一个劳动力过剩的国家，所以中国对机器人的研究起步较晚。

灵巧的“手”

◎智智在看电视，电视上播出的是车间运作过程。

◎智智问爸爸。

◎爸爸笑着回答智智。

◎智智一脸崇拜的表情。

认识机械手

工业机器人也有各种各样的，例如，喷涂机器人、搬运机器人、激光机器人等，其中有一双最灵巧的“手”，这只手，我们叫它“机械手”。

当人类一开始出现对机器人的各种幻想的时候，我们最希望的是能有一个跟人类无异的机器人，但是想要一下子就研发出这样的机器人显然是不现实的，所以，我们只能一步步地研发，机械手就是在研发智能机器人的过程中的一种产物。

之所以说机械手是智能机器人研发过程中的一种产物，是因为机械手是一种能模仿人类的手和手臂的某些动作和功能的装置，机械手不光是外表与人手和手臂一致，动作和功能也同样一致，它们可以按照固定的程序抓取、搬运物件或操作工具。在所有的工业机器人中，最早出现的就是机械手了，我们可以在机械制造、电子、轻工业等领域使用它。

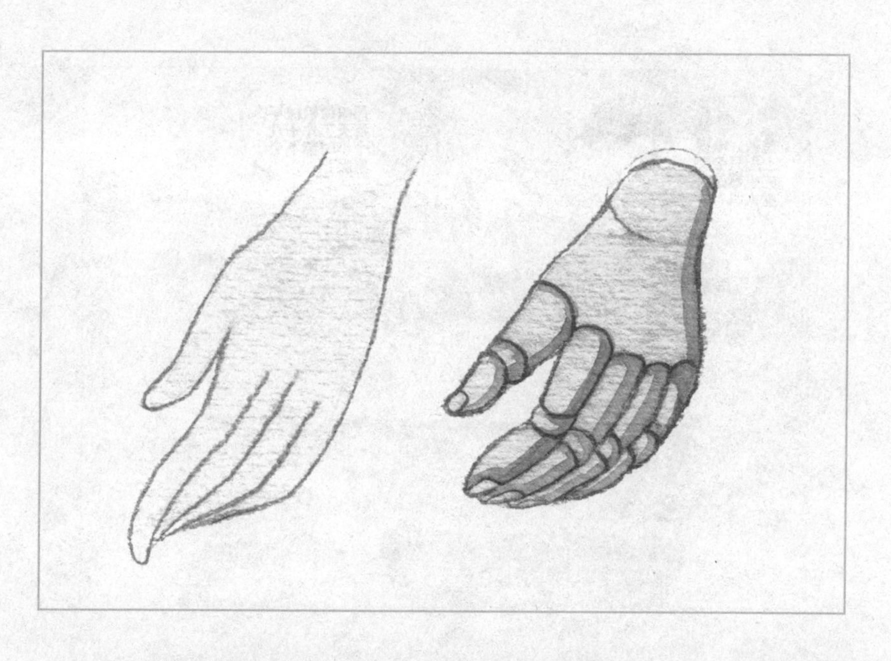

机械手在外表和功能方面都可以和人类的手相提并论了，如果要说它们之间有什么不同的话，那就是灵活度与耐力度了。轮灵活度，当然是我们的手和手臂更胜一筹啦，人类的手有多灵活大家看春晚上刘谦的表演就知道了，可是论耐力度我们就比不上机械手了。同学们，你们试想一下，如果要你们重复一个动作无数次，你会有什么感觉呢？累！很累！相当累啊！没错，我们的胳膊一定会又累又酸的，可是机械手就不会有这样的情况了，无论做多少次，无论做多长时间，它们永远不会感到累的哦！机械手的耐力度对我们的生产工作提供了很大的福利，因此自从第一个机械手在美国问世以后，越来越多的行业开始使用机械手了！

机械手的历史

世界上第一台机械手是美国人制作出来的，但是这并不代表在这之前没有过关于机械手的研究和制作哦！

要说起机械手的历史，其实也不短了，怎么也得两千多年了。同学们，你们是不是想说，这哪是不短啊，这是相当不短啊！呵呵，那我们言归正传，继续说机械手的事情吧。要说机械手的历史，我们要从它的

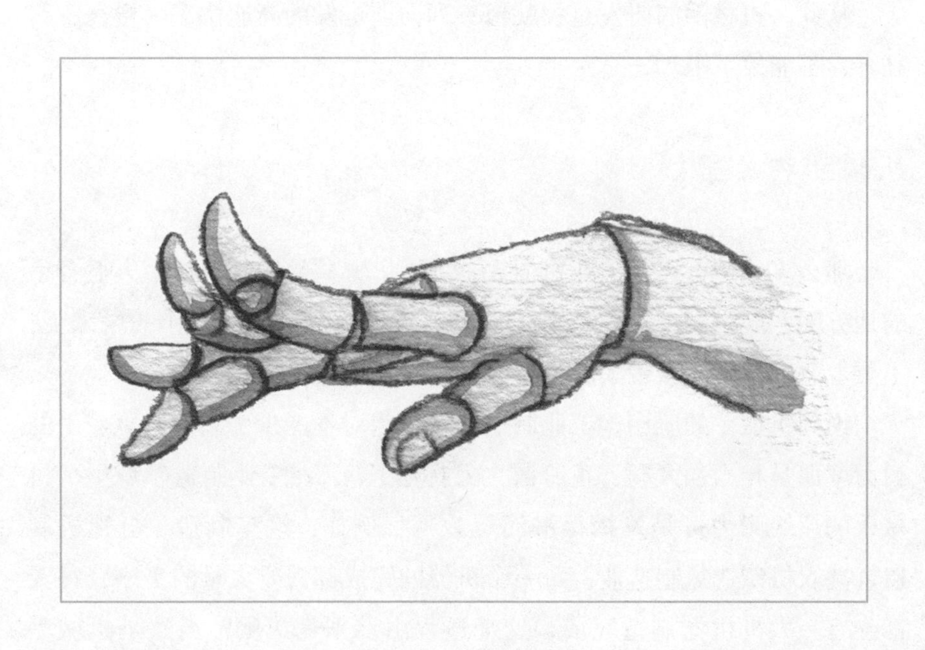

源头开始说起。我们是怎么想到要研发机械手的呢？这是因为啊，早期的时候我们由于生活和生产的需要，发明了很多古代的机器人帮助我们更好的生活。可是后来，我们对研发这种帮助人类省时省力的机械产生

了浓厚的兴趣。但是，总是研发类似的机械是一件多么无聊的事情啊！于是在这些早期古代机器人的基础上，我们充分发挥自己的聪明才智，最终想到了一个新的研发方向——研发机械手。古代的机器人从未把人类当成模板，可是机械手却是以人类的手和手臂为模板的机器人，这无疑增添了研发的兴趣和动力。

早在20世纪的中期，机械手的研究就已经起步了，因为这个时候计算机个自动化技术正在快速发展着。一开始，计算机还不成熟，受到计算机的影响，机械手的研究进展也没有很快。后来，第一台电子计算机问世了，于是，人类再也阻止不了机械手的飞速进步喽！在生产方面我们对机械手有很强烈的需求，于是以美国为带头人，各个国家开始研发机械手。

从此，机械手的研发过程就像一列向前进发的高速快车一样，一路狂奔，不能停下啦！

机械手在哪里找

那么多领域都需要工业机器人，那么，哪些领域是机械手大显身手的地方呢？同学们，你们是不是很想一睹机械手在车间工作的风采呢？不要着急，我现在就带大家去看看各个领域的机械手！

说到机械手的应用，工业制造领域是绝对不能少了它的。机械手的耐力度那是相当强大啊，正所谓“发挥所长”，在工业制造领域里，机械手的超级耐力可是发挥得淋漓尽致啊！例如，汽车制造、电视机制造、洗衣机制造等制造业，每一个机器的完成都需要大量的工序，每天都会有一大批机器制造完成，这个过程由谁来完成呢？当然是机械手啦！工作一整天，强度还这么大，如果由我们人类来做，那不是要累死了？还好有机械手在，否则我们的工作效率不知道要低多少倍呢！

工业制造领域我们很容易想到，但是医疗领域恐怕就不容易想到了吧？同学们，你们是不是在想，“机械手在医疗领域能做什么呢？难道是给病人看病吗？”呵呵，当然不是，机械手虽然厉害，但是还没有神奇到这个地步。那机械手在医院里能做些什么呢？其实啊，它们是在帮助护士做一些日常工作的，比如，运送药品、检测医院病房里的空气质量等。

机械手不只是会当“工人”和“护士”哦，它们还可以当“军人”呢！在军事领域里机械手也能展示自己的英姿呢！它们不但可以做侦察、拆弹、扫雷这些有技术含量的事情，避免士兵受伤，还可以做后期和工程这些体力活，节省了士兵的力气和时间呢！

小链接

早在古代的时候人们就产生了让器械来帮助甚至代替人类工作的想法，于是他们利用自己的智慧研制出了很多种自动机械物体，这就是古代机器人了。古代机器人虽然不像现在的机器人这样技术纯熟，但是它是现代机器人名副其实的鼻祖。很多古代机器人甚至比现在的机器人还要精巧，例如，木牛流马、记里鼓车等。

学生：老师，医疗界的机器人有没有一些更高端的呢？

老师：当然有啦！其实医疗界的机器人有的是非常棒的，一些特种机器人不但可以帮助医生完成一些高难度的手术，还能进入病人血管去灭杀病毒呢！

战场上的机器人

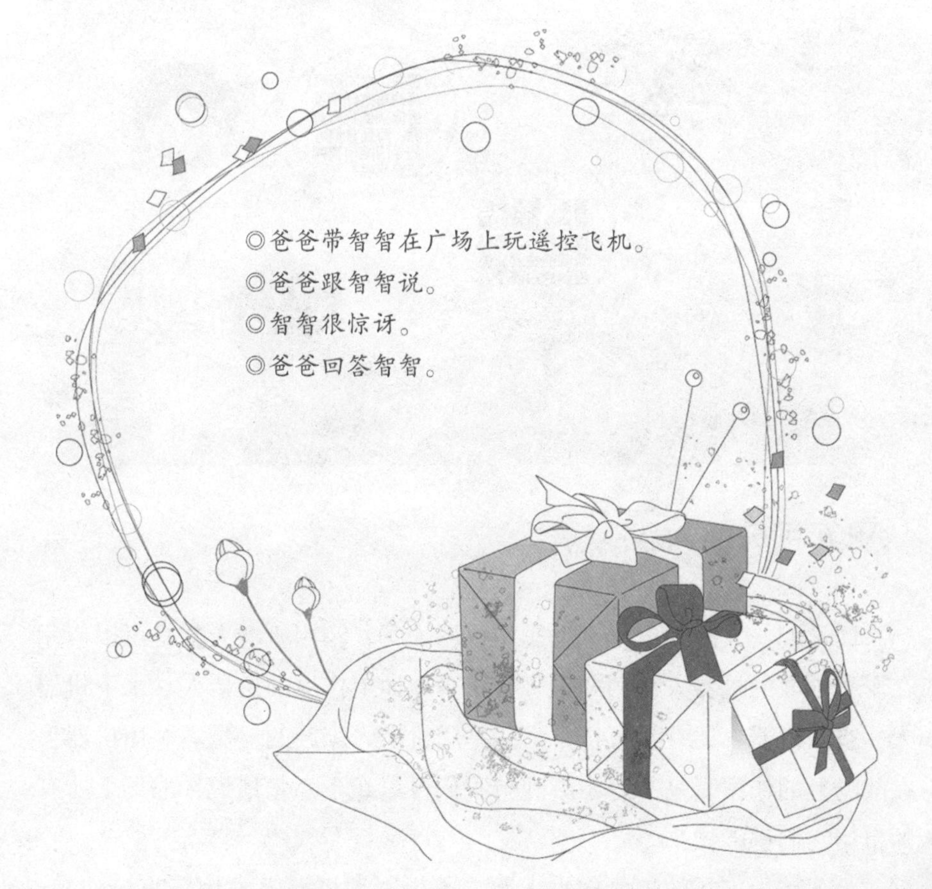

◎爸爸带智智在广场上玩遥控飞机。

◎爸爸跟智智说。

◎智智很惊讶。

◎爸爸回答智智。

认识军用机器人

同学们，大家知道什么是军用机器人吗？军用机器人就是可以应用在军事领域的机器人，例如，直接用于地面上作战的机器人、水下机器人、空间机器人还有无人机，都是军用机器人家族的一员。军用机器人在战场上的作用真是不容小觑呢！我们可以毫不夸张地说，战场上所有的事情它们都能做！

为了减少士兵的流血伤亡人数，不少军用机器人被用于直接作战，它们有的可以作为防御士兵抵挡敌人的攻击，有的可以作为基础士兵参加各种军事活动，有的还可以做炮兵呢！军用机器人不只可以直接参加作战，还可以参加侦察工作，能收集到不少有用的信息呢！战争中不能没有工程保障，而军用机器人就能担当这项工作，这样一来就节省了兵

力。还有后勤保障，我们也是可以依靠军用机器人的呢！车辆抢救、战斗搬运、医疗助手……它们可以保证在任何恶劣的条件下完美地完成所有任务哦！对了，有些军用机器人的智能非常高，还可以指挥战斗哦！

军用机器人简直就是战场上无所不能的“士兵”呢！

奥戴提克斯Ⅰ型步行机器人

现在，对于军用机器人的研究中，最受重视的就是能够作战的机器人，这样一来，就能避免士兵流血伤亡了。现在，已经有几种可以作战

的机器人被研制出来了呢。

美国的奥戴提克斯 I 型步行机器人是一种很棒的机器人，在战场上，它甚至可以扮演很多角色呢！这种机器人长得很像章鱼，有一个圆圆的大脑袋和六条腿，它是普通士兵中的一员，可以跟其他士兵一起登

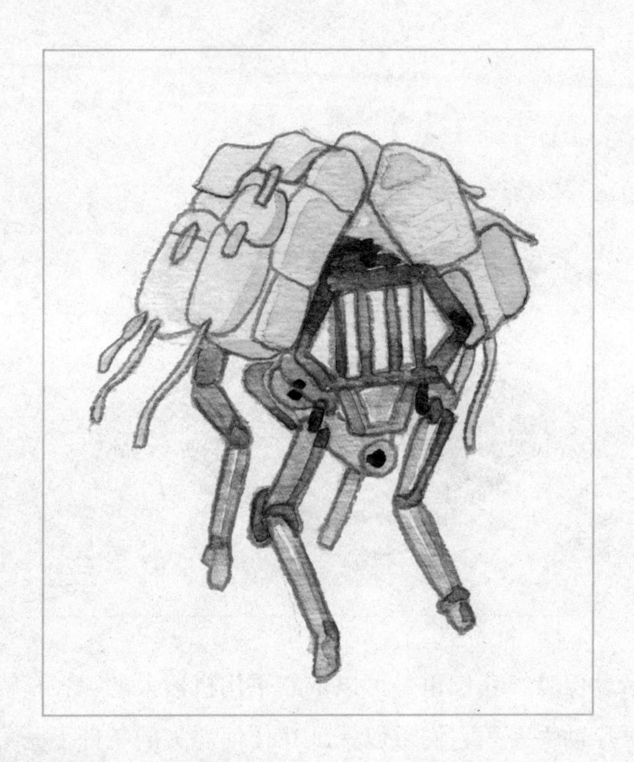

高、下坡、越障。它走路的时候会三条腿同时抬起，逐步前进，而且它走路的姿势有很多呢，它可以像人一样直立行走、可以像螃蟹一样横着走还可以蹲着走呢！同学们，你们是不是觉得这种机器人很有意思呢？对了，它还是一个大力士呢，行走过程中可以背好多东西哦！奥戴提克斯 I 型步行机器人是一个非常普通的士兵，只要给它适当的装备，什么兵种它都能胜任，美国现在正打算继续研究这种机器人，将来它们还会有高矮胖瘦之分呢！

机器人也能搞侦察

侦察兵历来都是战场上最危险的兵种，为了减少人员的伤亡，让机器人来做这件事情再合适不过了。虽然侦察工作难度较大，但是这些军用机器人却丝毫没有让我们失望呢！

战术侦察机器人是一种小型智能机器人，它专门负责前方或敌后的侦察任务。战术侦察机器人身上有好多装备，步兵侦察雷达、各种传感器还有无线电和光纤通信器材，这些装备让它能够顺利完成侦察任务。

那战术侦察机器人都在哪里做侦察呢？这就不一定了，有时它是依靠自己四处寻找有用信息，有时它就会被空投到敌人的纵深去选择适当的位置侦察敌人的信息。正所谓“不入虎穴焉得虎子”，战术侦察机器人可真是勇敢呢！

美国有一个陆军机器人，叫做“曼尼”，它是一个三防侦察机器人，可以很好地探测到核沾染、化学染毒和生物污染，并且可以标绘和取样哦！它可是部队里的得力助手呢。还有地面观察员，它能搜索地面上的敌人，并且及时向使用者报告。

机器人侦察兵恐怕是军用机器人中最令人叫绝的了，海陆空都有它们的身影呢！最简单的方式是通过发射器把它们送到敌人的所在之地获取情报。要说较高级的还是机器鸟，它们可以飞到敌方上空，拍摄和摄录图像，然后带回总部。而且，即使是在晚上也不会妨碍机器鸟执行任务呢！

小链接

机器人从本质上来讲只是一种仿人功能的自动机，所以，只要是能做的事情它们都可以做到，但是以我们现在研制机器人的水平，想要研制出和我们的智能水平一致，反应一样灵活的机器人还是不可能的，因此要想在军事领域大规模的使用机器人，还是需要一个过程的。

学生：老师，军用机器人这么厉害，到现在为止有什么战争用到了它们吗？

老师：当然，例如当年伊拉克战争的时候美军就派了一部分军用机器人上战场呢，例如，阿尔威反坦克机器人、榴炮机器人、飞行助手机器人还有海军战略家机器人。每一个机器人都出色地完成了任务呢。

水下探险者

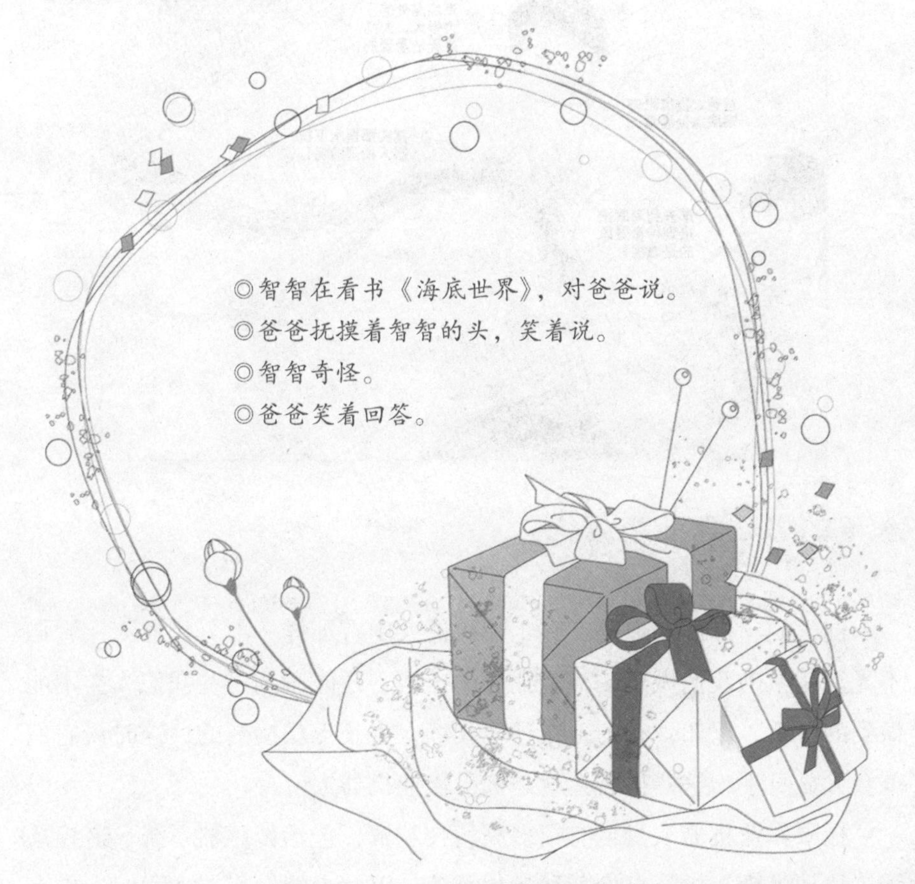

◎智智在看书《海底世界》，对爸爸说。

◎爸爸抚摸着智智的头，笑着说。

◎智智奇怪。

◎爸爸笑着回答。

水下的极限作业机器人

同学们，你们知道吗？在工业机器人中有那样一部分机器人，它们不光是能帮助我们做事，减轻我们的负担，还能做到一些我们人类不能做到的事情，比如，有的工作环境我们人类是无法接受的，这时候它们就会大显身手，这些机器人就是极限作业机器人。

极限作业机器人身上有很多高科技装置，包括传感器系统、遥控系统、移动机构、故障自诊断和自救系统，以及末端操作器。我们人类有很多不能接受的工作环境，因此极限作业机器人也有很多种，例如救灾排险机器人、空间作业机器人，以及我们现在要说的水下作业的机器人。

同学们，你们有没有对大海深处的秘密感到好奇呢？你们想不想亲身到海底去一探究竟呢？可是，我们都知道，海底世界虽然美丽和神秘，却也充斥着重重危险，如果人类下去，难免会遇到危险，那该怎么办呢？不要担心，科学家有办法！他们研制出了水下机器人。

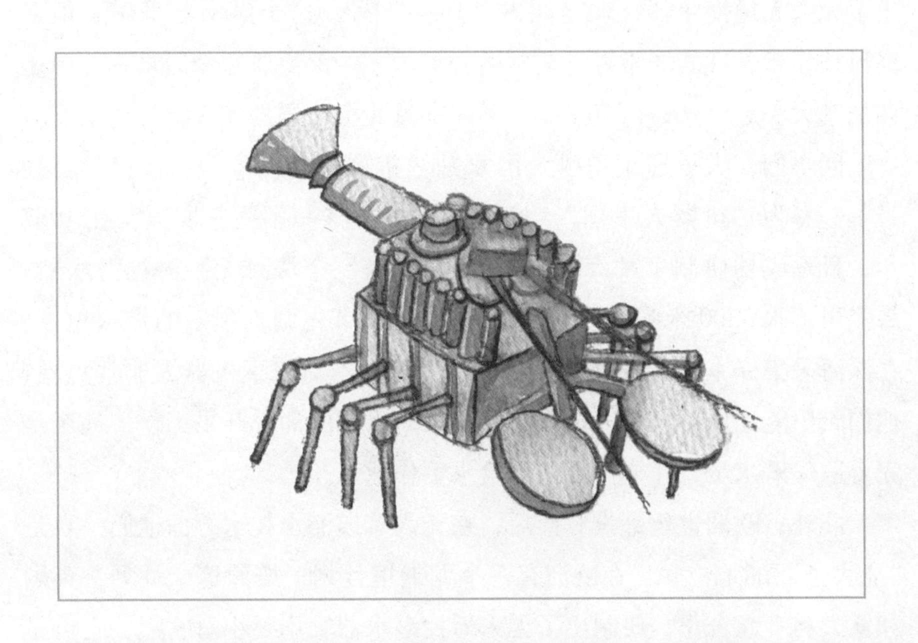

水下机器人还有一个名字叫做无人遥控潜水器，它是一种专门在水下工作的极限作业机器人，可以代替人类潜到水中完成工作，所以又叫潜水器。要想开发海洋，就要潜到海洋中更深的地方，受到水压的影响，人类的潜水深度是有限的，所以水下机器人就显得尤为重要。水下机器人主要有两种，分别是有缆遥控潜水器和无缆遥控潜水器，其中有缆遥控潜水器又包括水中自航式、拖航式和能在海底结构物上爬行式三种。

其他国家的水下机器人

现在，世界上对水下机器人的重视度已经越来越高了，世界各国更加对水下机器人的研究也越来越深入了，同学们，你们有没有很好奇，每个国家的水下机器人是什么样的呢？呵呵，那我们就一起来看看吧！

要说高科技，我们首先就会想到美国。早在1990年，美国就研制出了无人无缆潜水器，取名叫做“UUV”号，这个潜水器采用了很多高科技设备，性能非常好，非常适合高水平的深海研究。后来，美国还和加拿大一起合作，研发出了一种能穿过北极冰层的无人无缆潜水器。

同学们，大家还记得哪个国家是“机器人王国”吗？没错，就是日本。身为“机器人王国”，日本怎么能不露一手呢？所以，在1987年，日本成功研制了“海鲀3K”号，它是一个深海无人遥控潜水器，最多可下水3300米呢！“海鲀3K”号可以事先调查预定的潜水地点、在深海采集样本，还可以进行海底救护。日本对水下机器人非常重视，他们希望能让水下机器人去做200米以内水深的油气开采工作，甚至是完全取代潜水员，完成全部的危险水下作业。

此外，欧洲也丝毫没有落后，在无人有缆潜水技术方面他们一直是“老大哥”的地位呢！在欧洲有一个尤卡里计划，按照这个计划，英国和意大利一起合作，研制出了无人遥控潜水器，不要小看它哦，它可是能连续250个小时在6000米水深工作呢！英国科学家制作了一个有缆潜水器，叫做“小贾森”，它可以向地面上源源不断地传送照片等资料，还能自己处理一些海里的环境变化。还有法国，他们建造了一个叫做“逆戟鲸”号的无人无缆潜水器，这个潜水器是个战绩累累的水下英雄哦，它已经先后完成了一百三十多次水下作业了，还参加过太平洋和地中海海底电缆事故调查呢！还有“埃里特”，也是法国研制的，它是一个声学遥控潜水器，智能程度比“逆戟鲸”号还要高出许多呢。

它在很多方面都能露一手哦，例如，水下钻井机的检查、油管铺设、锚缆加固等，无论多复杂的作业它都能很好地解决！

同学们，大家都知道中国是一个重视科技发展的国家，从小我们就是抱着要好好学习，长大之后为国家做出贡献的想法学习的，所以，中国在水下机器人方面也取得了一些成就。大家还记得2009年的“大洋一号”吗？它是一艘科学考察船，就在它出发之前，我国首次使用水下机器人为它探路呢！这个水下机器人叫做“海龙2号”，虽然是第一次工作，但是“海龙2号”的表现却是好得不得了，也许是为了显示自己的能力吧，它一下子就在东太平洋海隆“鸟巢”发现了一个大黑烟囱，这个黑烟囱大的罕见。“海龙2号”还带回来了一些这个黑烟囱喷口的硫化物样品，大概7千克左右。正是由于“海龙2号”的出色表现，我国也成为了在洋中脊热液调查和取样研究方面使用水下机器人的国家！

厉害的水下机器人

水下机器人是机器人家族中一个重要人物，它们的工作范围很大，对我们的科学研究等方面的贡献数不胜数。同学们，你们是不是特别想知道，水下机器人到底都能做些什么呢？那我们现在就来说一下，小型遥控水下机器人的应用范围吧！

管道是我们生活中很重要的一部分，例如，城市饮用水的水管、排污水的管道、海洋输油管等，这些管道如果出了问题对我们会造成严重的影响，所以，为了防止管道突然出现问题难以预防，我们就是用小型遥控水下机器人定期进行检查的。

如今，各个国家都在抓紧时间勘测各种资源，我国也不例外，所以在科学研究方面，小型遥控水下机器人也能发挥很大作用，它们能帮助我们进行海洋考察、冰下考察，这些都是人类不能做到的哦。

同学们，你们都看过《泰坦尼克号》吧？那你们还记得片头的那个小机器人吗？其实那就是一个小型遥控水下机器人，正是这个机器人发现了沉在海洋中八十多年的沉船哦，所以由此看出，水下机器人还可以进行水下的考古工作和水下沉船的发现工作呢！

不知道大家喜不喜欢看“动物世界”呢？里面各色各样的动物真是让人喜爱，还有漂亮的海底世界，漂亮得仿佛不是真的，那大家有没有想过，是谁拍摄的那些录像呢？对了，就是小型遥控水下机器人。很惊讶吧？小型遥控水下机器人不但可以搞科学研究，还能在水下拍摄并且看护潜水员呢！

小链接

“海龙2号”简称“ROV”，它占据了我国无人遥控潜水器的两个“最”，即下潜深度最大、功能最强，是我国唯一能在3500米水深的特殊环境下工作的设备。

学生：老师，水下机器人可真厉害，它们还有什么别的用途吗？

老师：小型遥控水下机器人还有很多作用，像什么探测能源啊、检查大坝啊还有人工触礁的检查……这些领域都是要用到它们的！

空间探测者

◎智智一家在看电视。

◎智智兴奋地说。

◎妈妈笑着告诉智智。

◎智智一脸惊讶。

认识空间机器人

同学们，你们知道什么是空间机器人吗？不要误会，我说的可不是那个手机游戏“空间机器人”哦，也不是我们玩儿的 QQ 空间机器人哦，而是专门在空间环境中工作的机器人，对于这个空间机器人，你们熟悉它吗？

空间机器人和其他机器人一样，都是为了给我们人类服务而产生的，那么，空间机器人的任务又是什么呢？它啊，是专门负责帮我们探测空间活动的，它可是能够在行星的大气环境中导航和飞行呢！想必大家都知道，空间环境和我们地球环境那是截然不同的，空间环境是一个微重力、高真空、超低温、强辐射、照明差的环境，所以，对空间机器人的要求自然就高一些了。

为了让空间机器人能够应付这么复杂的空间环境，科学家们可是煞费苦心呢！空间机器人的体积通常比较小，重量也较轻，最重要的是它的抗干扰能力非常强。因为工作环境特殊，工作内容也很重要，所以空间机器人都是比较可靠的，它们寿命长、功能全、智能也高！空间机器人是不能在空间里停留的，它的位置时时刻刻都在变化，因此我们要时刻关注它们的位置，这样才方便工作。

如今，人类的思维已经飞向了宇宙，我们渴望探求更多关于宇宙的秘密，黑洞是什么？到底有没有外星人？月球有没有可能住人？火星是不是有火星文？这一系列的问题都等着我们去解答，我们需要对太空进行更进一步的开发和利用。未来的太空将会有空间加工、生产、装配、科学实验、维修等，但是空间环境对人类的生存来说实在是太恶劣了，这么多事情想要全部由人类来完成显然是非常困难的，所以，空间机器人的利用就显得尤为重要了。

空间机器人在太空

我们已经知道，空间机器人最大的任务就是作为人类的代表和帮手到太空去开拓一片新天地。同学们，你们有没有很好奇？空间机器人都需要做些什么工作呢？好吧，现在我们就来说一说空间机器人在太空的事情吧！

我们看的电视信号是哪里来的呢？手机的信号又是哪里来的呢？还有广播的信号等，这些信号都是凭空出现的吗？当然不是，这都是我们发射到太空中的卫星帮我们传递的信号。卫星的价格非常昂贵，因此对于任何一个国家来说，卫星都是一笔不小的财产。无论是多么昂贵的东西都有坏的时候，卫星也不例外。如果只是因为卫星坏掉了就丢弃它，那实在是太浪费了，所以最好的办法就是把它修好。谁去把它修好呢？宇航员？开什么玩笑！人在太空中根本就不可能工作的，而且还会被辐射呢。于是空间机器人就派上了大用场。它们可以对卫星进行修理，缺少物资的，就给空间飞行器带过去点物资；坏得不厉害的就地修理一下；就地修不好的就把失灵的卫星带回地球。虽然空间机器人不能把问题全盘解决，但是发挥的作用那是相当不小啦！

我们已经说过了，空间环境跟地面上的环境那是截然不同的，正是利用这点不同，我们可以生产出一些在地球上生产不出来的东西！在太空中做一些在地球上做不了的实验！空间机器人在生产和实验的时候是在舱内环境中进行的，并且受到宇航员的控制，它们都是通用型多功能机器人，此时的它们就犹如把地面上的工厂生产线带上了太空一样呢！

空间机器人能做的还不只是这些呢！它们还是空间环境中的建筑工人和装配工人呢，例如，安装无线电天线、太阳能电池还有其他舱外的组装活动，这些都是空间机器人的工作。此外，它们还会处理掉出现的有毒或者危险品。

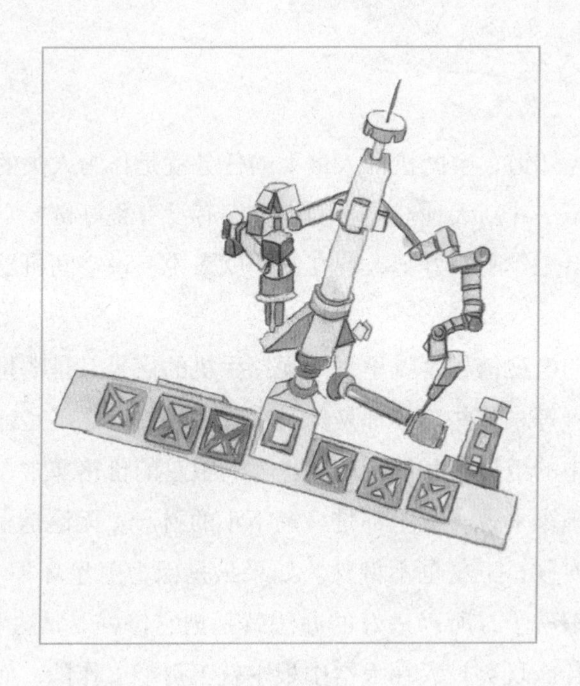

自由飞行空间机器人

随着人们对太空越来越多的开发和利用，空间科学技术发展越来越快，我们建立了空间站、发射了卫星，并且希望能更进一步利用太空，那么空间机器人的应用就不可避免的多了起来。就目前世界各国在空间机器人方面的研究来看，自由飞行空间机器人的研究是一个非常广阔的领域，它是由机器人本体和搭载在机器人本体上的机械臂组成的。之所以叫它这个名字，是因为它能够一边在太空中飞行，一边执行任务。自

由飞行空间机器人是一个非常灵活的空间机器人，它有不止一个机械臂，它可以建造空间站的基本设施、捕捉失效的卫星并在维修之后重新投放使用。同学们，你们有没有觉得自由飞行空间机器人很厉害呢？不只是你们，就连科学家也这么认为，所以无论是美国还是日本，都对自由飞行空间机器人高度重视呢！世界上第一颗自由飞行空间机器人就是日本的工程实验卫星 ETS－6 卫星哦！

小链接

日本的 ETS－6 号工程实验卫星是目前日本最大的地球同步轨道卫星，它是由日本的几个大的开发公司联合研制而成的。研制这颗卫星的本意是促进日本极大电子设备生产厂家的新产品研制能力并且加强企业的国际竞争能力。

学生：老师，空间机器人这么厉害，它们对我们会有什么样的重要影响呢？

老师：空间机器人在未来的重大作用是全世界有目共睹的。无论是从安全、效率还是费用等方面来看，空间机器人都比我们人类要占优势，因此，是否能够更多的开发宇宙中的资源，空间机器人的研制技术是关键要素。全世界都看到了这一点，所以现在美国、加拿大、日本以及西欧都在紧锣密鼓地进行空间机器人的研发工作。未来，将会有一半以上的空间站等都出自空间机器人的手笔。

战斗英雄

◎智智和爸爸在看《科索沃战争》，看到无人机投射炸弹，智智很愤怒。

◎爸爸还告诉智智。

◎智智好奇。

◎爸爸摸着智智的头回答。

无人机的产生

同学们，大家知道什么是空中机器人吗？空中机器人是一种军用机器人，它还有一个威风的名字，叫做无人机。要说军用机器人中发展最快的就是无人机了。1913 年的时候第一台自动驾驶仪诞生了，至今为止，已经有 300 多种类型的无人机被研制出来了。关于无人机的研究方面，最先进和最早的国家就是美国，如今，无论是从技术水平还是从空中机器人的数量种类来看，美国都是稳居榜首的。

为什么无人机会产生呢？其实战争是它产生的源头，带动无人机发展的国家是美国，而美国几乎参加了所有的战争。早在第一次和第二次世界大战的时候无人机就已经上了战场，不过那时候的无人机技术水平还很低，所以发挥的作用也不大。不过随着科学技术的发展，无人机对现在战争的影响越来越大了，朝鲜战争中，美国使用了极少的无人侦察机和攻击机；越南战和中东战争中无人机已经不可缺少；海湾战争、波黑战争和科索沃战争中，无人机已经占据了主要侦察机的地位。

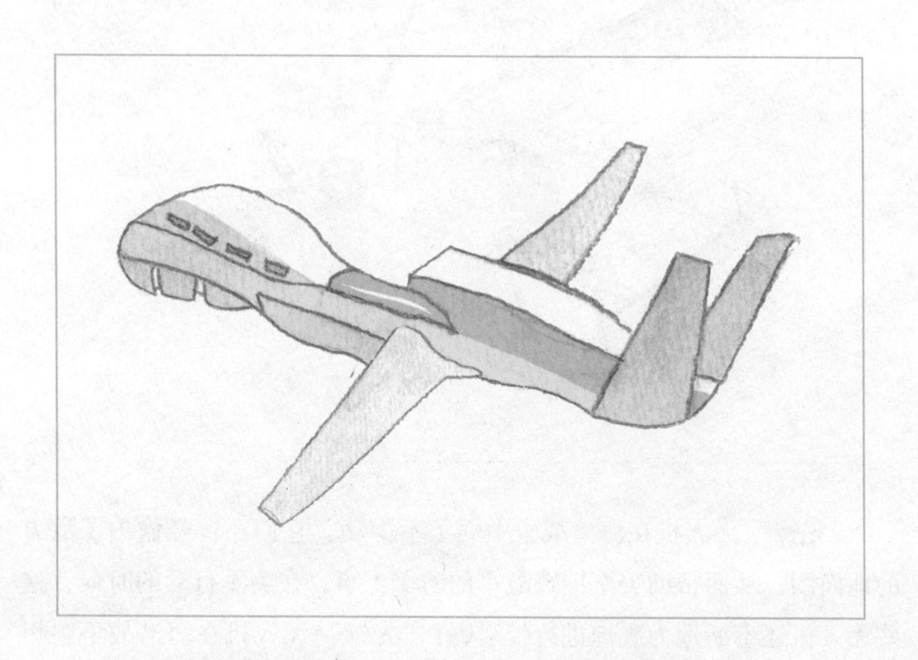

海湾战争中的无人机

同学们，你们听说过海湾战争吗？你们知道谁是海湾战争中最大的立功者吗？其实就是无人机！

在海湾战争的时候，伊拉克把飞毛腿导弹发射器埋藏在了大漠中，这给美军造成了不小的困扰，你知道这是为什么吗？原来啊，如果用有人侦察机去侦察敌情的话，那就代表着这些人暴露在了高射火力下，这样很容易造成人员的伤亡。于是，无人机在这个时候大出风头，它们成了空中侦察的主力！其中最优秀的就是“先锋”无人机了，不管是白天还是黑夜，空中总是有它们在坚守岗位！同学们，你们说，这些“先锋”无人机是不是优秀的空中侦察兵呢？

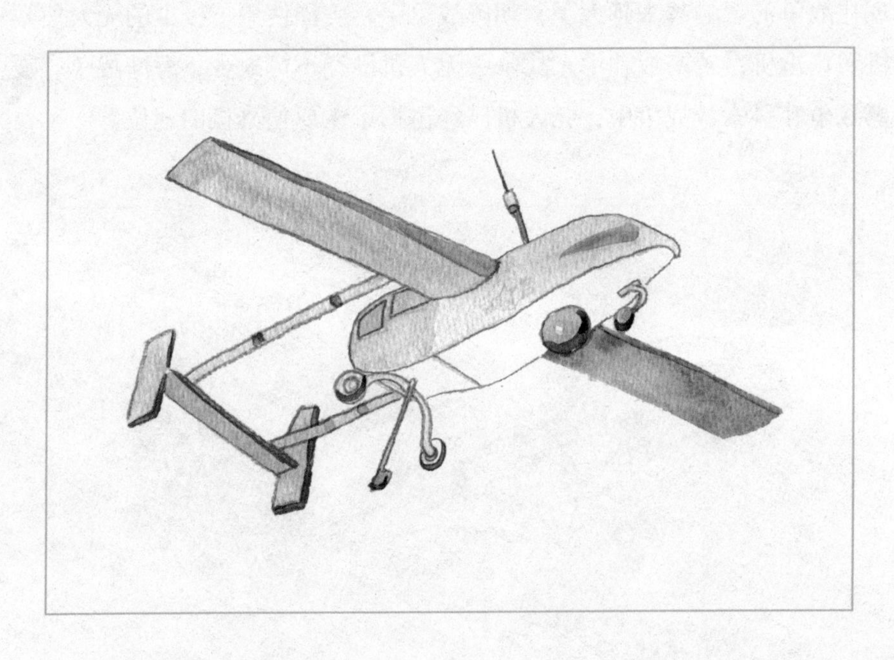

“先锋”无人机在海湾战争中立了不少功，它们还曾经偷拍了敌方的地面图，从而帮助美军摧毁敌军的防御工事，在美军行动的时候，这些无人机还不断地为舰炮进行校射呢！“先锋”无人机在海湾战争中担当起了美国陆军部队开路先锋的重任，它们为美军做了大量的侦察工作，完成了无数重要的工作，例如，目标搜索、海上拦截、支援海军炮火、战场警戒等。

科索沃战争中的无人机

同学们，你们知道科索沃战争吗？这次战争是使用无人机最多、无人机发挥作用最大的战争了。在科索沃战争中，美德法英各国一共出动了六种类型的无人机，大约200多驾，对南斯拉夫进行了为期78天的轰炸，震惊了全世界。这次出动的六种无人机分别是美国陆海空军的“猎人”、“先锋”和“捕食者”；德国的CL－289；法国的“红隼”和“猎人”还有英国的“不死鸟”。这些无人机在科索沃战争中做出了很大的成绩。

在这次战争中，无人机发挥了前所未有的重要作用，它们定位目标、电子干扰、搜集气象资料、散发传单、监视战场、搞侦察还营救了飞行员。正是无人机在科索沃战争中的这些表现，让世界各国军方深切地认识到无人机的重要性。无人机的军事地位一下子就提高了。

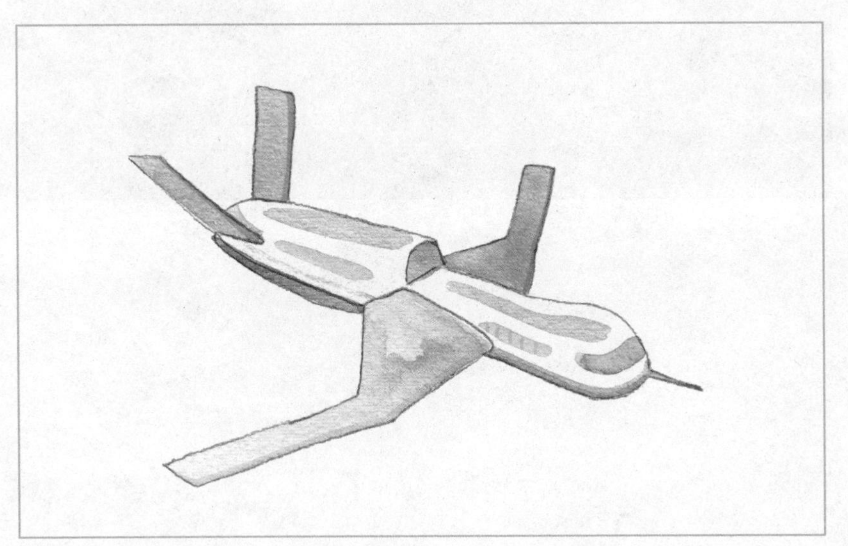

小链接

1999 年科索沃危机引发了科索沃战争。科索沃危机的产生是因为南斯拉夫社会主义联邦共和国解体后，黑山和塞尔维亚组成了南联盟共和国，他们反对科索沃独立，双方不断爆发冲突，后来遭到了以美国为首的北约的干涉，北约以“维护人权”为幌子对南联盟实施军事打击，最后南联盟战败。

学生：老师，无人机作为战争的重要组成部分，它还参加过什么战争呢？

老师：要说无人机参加过的战争，那就是朝鲜战争、越南战争、贝卡谷地之战还有波黑战争了。

能干的服务人员

◎智智在收拾屋子。

◎智智灵光一现。

◎智智认真的拿着一本书在看。

◎智智高兴地跳起来。

什么是服务机器人

在机器人家族中有一个年轻的成员，它的名字叫做服务机器人，目前有两种服务机器人，一种是家用的服务机器人，一种是专业领域的服务机器人。目前，对机器人进行研发的国家有 48 个，而开始研发服务机器人的国家已经有 25 个了，例如，日本、北美还有欧洲已经研制出了 40 多款的服务机器人了。

服务机器人的市场正在逐渐扩大，这是因为在发达国家里，劳动力的价格越来越高了，而且有很多工作人们都不愿意去做，因此，服务机器人开始被大量使用。服务机器人的工作范围非常广阔，例如，清洗、看护、保安等工作在发达国家里是没有人愿意去做的，还有就是全球老龄化带来了老人的看护、医疗问题，这些都需要服务机器人去做，于是服务机器人的市场就这样被打开了。

与美国和日本等发达国家相比，我国的服务机器人的研发起步较晚，但是在国家 863 计划的大力支持下，我们已经在服务机器人方面取得了很好的成绩了！我们研制出了导游机器人、迎宾机器人、清扫机器人还有医用机器人。经过对全世界使用的服务机器人进行统计，我们发现，1999 年的时候，除了割草机器人以外，服务机器人几乎都是专业领域的服务机器人，例如，水下机器人、清洁机器人还有医用机器人等，而医用机器人是服务机器人中前途非常光明的一种服务机器人哦！有了医用机器人的帮助，医生将会挽救更多人的生命，解决更多病症的治疗问题！现在助残机器人的技术水平还没有达到人们的要求，所以现在好多研究机构正在集中力量发展这方面呢！

生活中的服务机器人

在我们的生活中有很多机器人，它们的工作范围很广，维护保养、修理、清洗、保安、救援、监护等工作都可以做得很好呢！那么，哪些机器人算是服务机器人呢？下面我为大家简单介绍两种服务机器人吧！

同学们，你们喜欢斜拉桥吗？斜拉桥不但外观优美，而且抗震性能非常好，因此桥梁设计师们都很青睐它的哦，自从瑞典建成了第一座斜拉桥之后，不到四十年的时间，全世界已经有300多座斜拉桥了，我国也建了40多座呢！

斜拉桥的外观很漂亮，往往是城市里的一道美丽的风景，只是，整天在风吹日晒，难免外观会受到影响。你们在看到斜拉桥的时候是不是希望它是彩色的呢？桥梁专家们也考虑到了我们的想法，于是积极寻找能够解决这个问题的办法，最后终于想到了彩化斜拉桥的方法，分别是彩色绕包、全材彩化和彩色涂装。刚开始的时候，我们总是人工对缆索进行涂装，可是这样的工作方式不但效率低而且危险很大，工作人员需要乘坐钢丝拖动的吊篮才行。晴天还好，要是碰上风雨天就更加的危险了。于是，在科学家的积极探索下，最后研制出了爬缆索机器人。这种机器人可以顺着缆索向上攀爬、可以检测缆索上的钢丝是否断丝、可以清洗缆索，还有一定的智能呢！

常言说得好，水火无情，面临火灾我们人类往往是无能为力的，因为火灾中不但建筑物有随时坍塌的危险，火势有蔓延的危险，还有浓烟会呛死人的危险。面临着一连串的危险，救援人员也是束手无策。面临这样的境况，我国开始制定了研制消防机器人的计划，最终真的研制出了消防机器人，行走、爬坡、跨障、喷射灭火、侦察火场，它无所不能呢！

日本在消防机器人的研究方面也有一定的成就，他们一共研发了五种用途的消防机器人呢！遥控消防机器人，当火灾现场难以接近，或者是有爆炸物的时候，遥控消防机器人就会身先士卒，抢救被困者；喷射

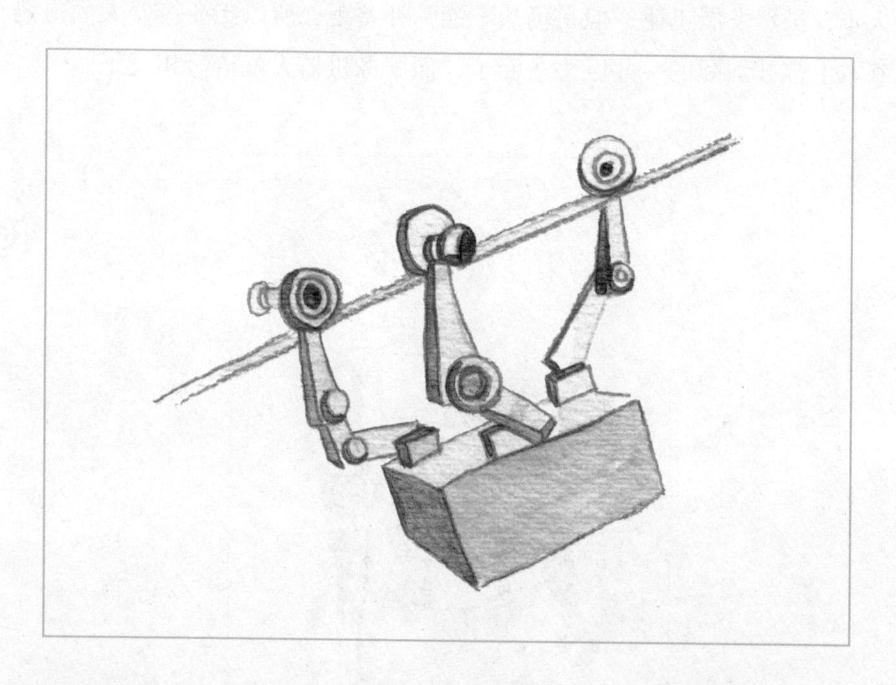

灭火机器人，它也是遥控消防机器人的一种，如果是狭窄的通道或地下区域着火了，喷射灭火机器人无疑是最合适的人选；消防侦察机器人，它不怕浓烟、不怕有毒气体，还能收集信息呢！攀登营救机器人，同学们，从它的名字上你能猜出它的本事吗？没错，当高层建筑物的上层发生火灾的时候，攀登营救机器人能够在建筑物的外墙壁上攀爬，调查火情、营救、灭火，它什么都能做的！最重要的就是救护机器人了，它可以迅速把伤员运送到安全地带，或者是在火灾现场为被困者提供新鲜空气哦！

服务机器人在中国的商机

我国的科技发展比较晚，在工业机器人的研发方面落后其他国家一大步，虽然发展迅速，但是仍然不能弥补差距，所以工业机器人的市场基本上都被国际的一些巨头垄断了，而服务机器人就恰恰相反了。

服务机器人的研制比工业机器人要有更大的想象空间，全世界各国在这个方面都是刚刚起步，技术差距并不大，这一次我们并没有输在起跑线上，因此中国厂家完全可以在这个市场上把握住机会。我们从目前的发展趋势上可以看出，服务机器人在未来的应用市场将会超过工业机器人，尤其是在家庭、教育和医疗康复这几个方面。

同学们，你们想一想，如果大多数人都去从事脑力劳动了，那么一些体力活该谁来做呢？当然是机器人了，有了机器人的帮助，我们的生活会更加的方便和有趣的！

小链接

斜拉桥也叫斜张桥，这种桥由索塔、主梁和斜拉索三部分组成，它是大跨度桥梁的最重要的桥型。世界上第一座斜拉桥是瑞典的斯特伦松德桥。如今，斜拉桥的技术已经发展得很成熟了，法国诺曼底斜拉桥和日本的多多罗大桥都是斜拉桥。我国建造的上海南浦大桥是这个修建的第一座跨度超过400米的大桥。

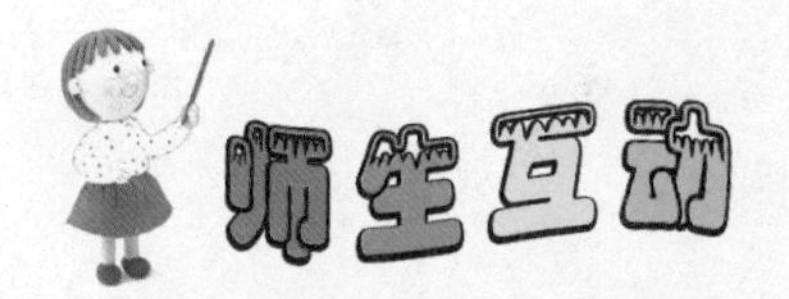

学生：老师，服务机器人的发展空间还真是大啊，未来我们的生活会不会成为机械化呢？

老师：从目前的形势来看，我们以后机械化的生活可能性是极大的，随着人口老龄化问题的产生和对高品质生活的需求，我们越来越需要服务机器人助我们一臂之力了！

家里的新成员

◎智智回到家发现地板跟镜子一样明亮。
◎妈妈从里屋出来，智智问妈妈。
◎妈妈笑着回答。
◎一个机器人吸尘器出现在智智面前。

家用机器人进家门

同学们，告诉你一件事哦，你们家很快就会添加新成员了！怎么，你认为我在瞎说？其实啊，我说的是家用机器人！看科幻片的时候，我们总会幻想自己也拥有一个什么都会做的机器人，你以为这只是想想吗？当然不是，经过科学家的努力，机器人时代马上就要来了，有人预测，十年之后每一家都会有一个机器人哦！

家用机器人是分很多种的，因为它们所要做的事情是不一样的，包

括家庭服务、保养、修理、清洗、监护等工作。目前看来，全世界家用机器人的数量正在上升，占比重最大的就是真空吸尘器和除草机器人了，以后各式各样的机器人会变得十分普及。针对人们的需要，清洁机器人应该是第一个销售量猛增的机器人，因为人们非常需要有清洁机器人帮助他们清洁窗户和泳池等。

说到清洁机器人，它的市场可是很大的呢，因为不只是家庭，一些商业场所也是需要清洁机器人的。现在城市发展越来越快，一幢幢高楼大厦拔地而起，为了更好的采光和外观，玻璃幕墙和大型玻璃窗被大量

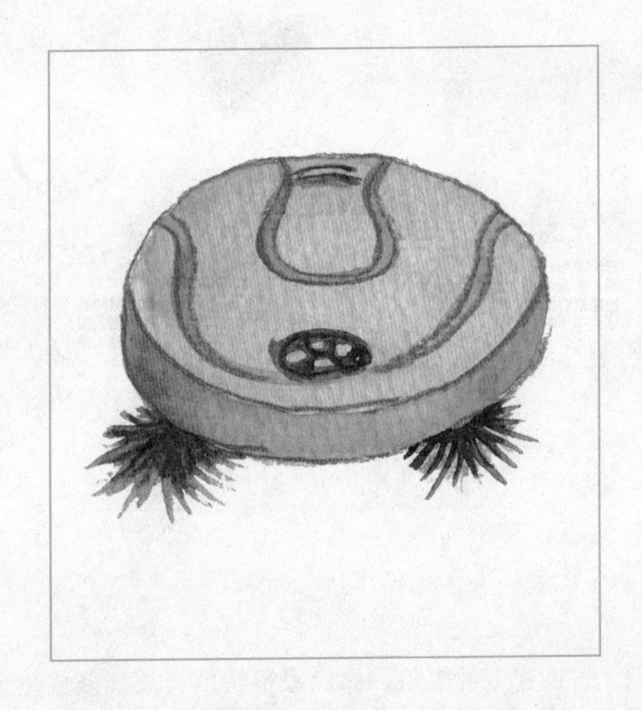

采用，随之而来的就是清洗问题。玻璃船、玻璃幕墙还有其他材料的壁面，这些都是需要定期进行清洗的，而我们一直以来的方式就是人工加上一桶水、一根绳还有一块板。这样的方式不但效率低，而且有一定的危险，往年就出过很多这样的事故。但是，一旦清洁机器人出现了，所有的问题就都不是问题了！

现在我们已经研制出了一台玻璃顶棚清洗机器人。这个机器人是由两部分组成的，一部分是机器人本体，一部分是地面支援机器人小车。机器人本体是真正做清洁工作的，它沿着玻璃壁面一边爬行一边擦洗玻璃，既灵活又可靠，超级能干的！而地面支援机器人小车就是专门给机器人本体打下手的了，它要为机器人本体供电、供气、供水还要回收污水。

以往，我们想要清洁高楼的玻璃只有两种办法。第一种是用升降台或者是吊篮把工人送到高空，进行纯人工清洁，这样做，有很大的工作危险。第二种是在建筑物设计的时候就把擦窗系统考虑进去，然后安装轨道和索吊系统，等需要清洁的时候就利用这个擦窗系统将擦窗机对准窗户自动擦洗。跟这两种方法相比，清洁机器人无疑是好用的不得了！同学们，如果是你们，你们会选择哪一个呢？

做家务的好帮手

同学们，你们一定想象不到家用机器人有多能干，它们几乎都可以算得上是一个家政服务人员了呢！现在我就给你们介绍几种贤惠的家用机器人吧！

美国的 iRobot 机器人吸尘器是一个非常敬业的机器人呢，它会把每一个角落都打扫的纤尘不染，连床下和沙发下都不会放过，任何房间垃圾都不能逃过它的法眼哦！你是不是要说，这有什么？我们家的吸尘器也能做到这些啊！不过接下来恐怕就不是普通吸尘器能做到的了。iRobot 机器人吸尘器是可以自己检测房间是否干净，然后决定打扫哪里的！所以，即使主人不在家，iRobot 机器人吸尘器也可以定时打扫房间哦！

同学们，你们是不是已经深深地喜欢上 iRobot 机器人吸尘器了呢？话不要说太早，我还有优秀的机器人要介绍给大家呢。接下来我要说的机器人就是玛纽尔保洁机器人。玛纽尔保洁机器人真可谓是秀外慧中的机器人了，它们集时尚的外观、强大的记忆能力、自动导航功能于一身，不但可以把清洁做得跟 iRobot 机器人吸尘器一样好，还能自动为地板打蜡呢！从此，你每天都能看到一个明亮如镜的家了哦！还不止这些呢，玛纽尔保洁机器人还会红外判断，这样就能自动躲避墙壁和楼梯了，它绝不会从楼梯上掉下去，却能敏捷地进入桌底、沙发底等难以清扫的地方，而且它很“守规矩”，只要你设置好了，它就不会进入“禁区”了。大家都知道，机器人是需要电的，那如果玛纽尔保洁机器人没有电了怎么办呢？不要担心，玛纽尔保洁机器人会自己找到电源为自己充电的，而且冲完电之后就会去完成刚刚没有完成的工作哦！

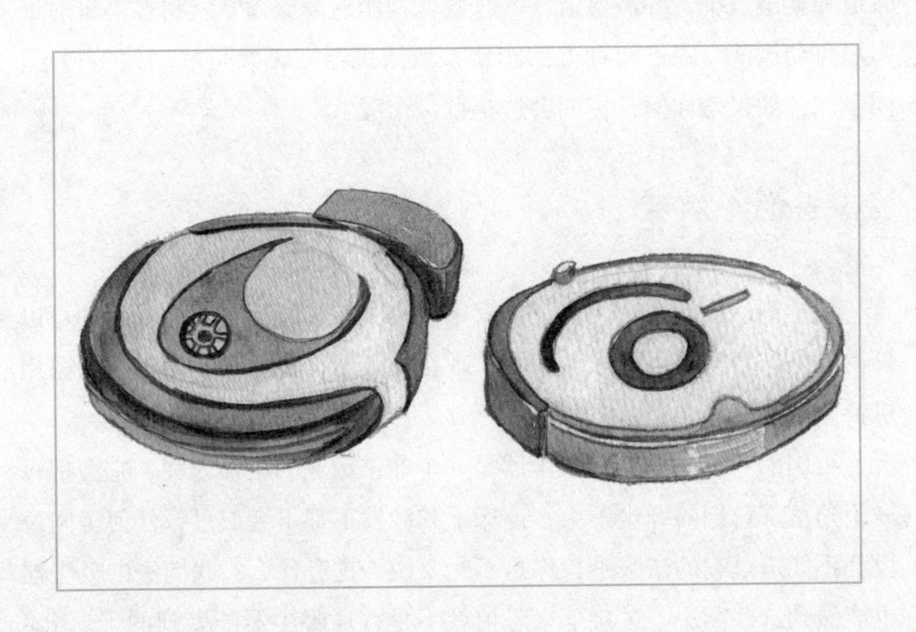

各式各样的家用机器人

同学们，如果有人问你，“我们为什么需要家用机器人？”你会说什么呢？你一定会说，“当然是做家务了！”可是家务有很多种啊，洗衣、做饭、烧菜，这些都是家务，而你需要你的家用机器人做什么呢？

你不用担心，其实啊考虑到现在人们的生活需要，科学家们已经很细心地帮我们把家用机器人分门别类了！

首先是电器机器人。同学们，听到这个名字，你能猜到这个机器人的特征吗？它们是具有智能的家用机器人，能干的吸尘器机器人就是它们的代表哦！电器机器人有着和飞碟一样的外形，而且是厚厚的飞碟

呢。它们都有超声波监视器，这样就不会撞坏家具了，还有红外线眼，这样就不会担心失足摔下楼梯了！哈哈，大家是不是觉得这些电器机器人很可爱呢？电器机器人中还有会看家护院的成员呢，那就是 AIBO 机器狗，我们可以通过互联网指挥它们看家呢！

还有厨师机器人，也是非常实用的家用机器人。上海世博会上曾经出现了一个厨师机器人，它的名字叫做“爱可”，长得就像一个胖胖的小冰箱。同学们，大家都知道哆啦 A 梦的口袋吧？“爱可”的肚子也是

一个神奇的口袋呢！只要拉开“爱可”肚子上的拉门，我们就可以看到好多烹饪设备，都是为“爱可”特制的哦！有了这些设备，“爱可”可以做出24道中华料理呢！还有一种奥特曼刀削面机器人，是我国的一位农民伯伯发明的，据说这个机器人比厨师还厉害呢！

搬运机器人也很棒哦！大家知道“擎天柱”吗？等一下，我说的可不是动画片里的“擎天柱”哦，而是上海世博会上的“擎天柱”！这个“擎天柱”就是一个搬运机器人，它的力气大的不得了，举起一辆小型汽车对它来说简直就是小菜一碟呢！

同学们，你们有没有遇到过这样的情况，冰箱里的食物没有了，家里又没有人发现，结果就只好叫外卖了。哈哈，你们一定想不到，这样的问题以后就有人帮我们解决了，它就是不动机器人。日本发明了一种会上网的电冰箱，只要冰箱里没有食物了，它就会自动向商店发去订单，这个电冰箱就是一个不动机器人呢！

除了我们刚刚说的那些机器人，家用机器人还包括娱乐机器人、移动助理机器人、类人机器人等，都是我们生活里的好伙伴呢！

小链接

类人机器人是最接近孩子们幻想中的机器人，一直以来都是人们梦寐以求的机器人。正是出于这种现实情况，科学家和艺术家正在一起努力，希望能给机器人一个和我们人类一样的外形，因为这种机器人不但要做到很多人类能做到的事，还要和人类一样的表情和神态，所以是一种研发难度极大的机器人。

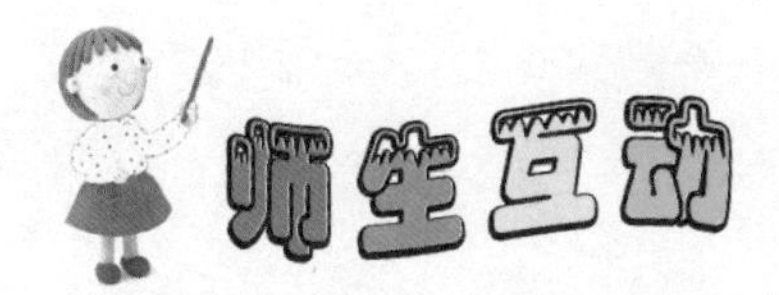

学生：老师，类人机器人的研制有什么发展前景吗？

老师：当然了，类人机器人的发展前景是非常可观的，因为这是一种人类多少年来的梦想，这种机器人研制成功之后一定能在娱乐和服务行业有很大的发展。

身边的新伙伴

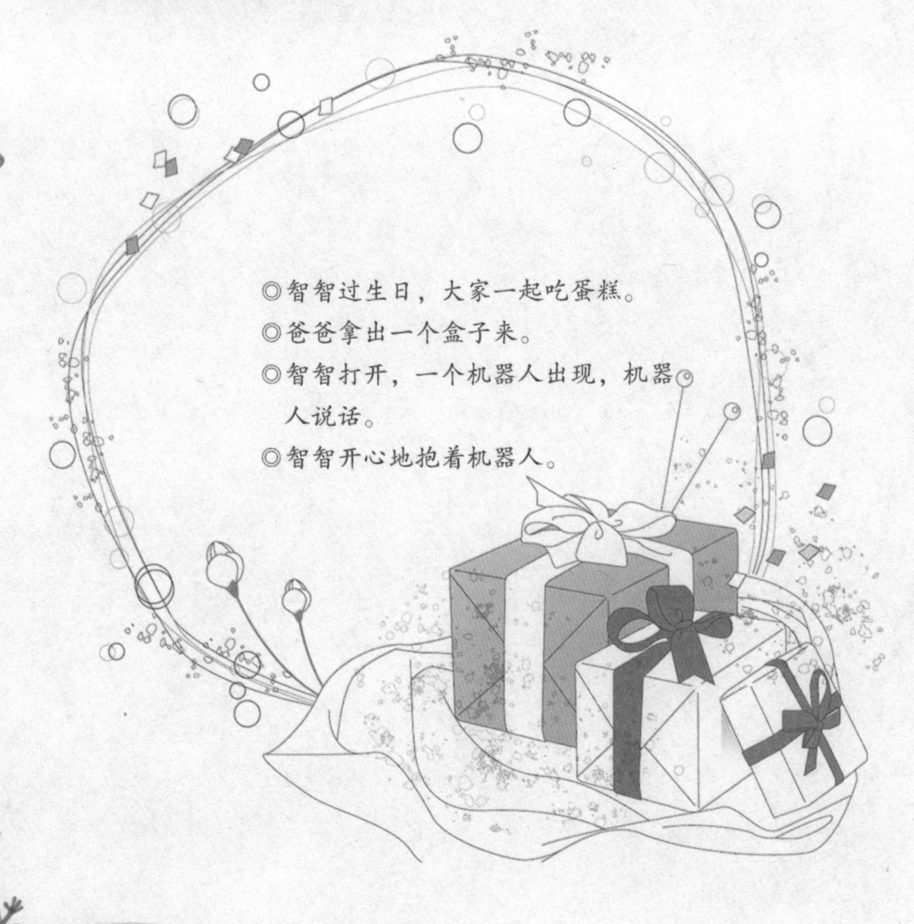

◎智智过生日，大家一起吃蛋糕。

◎爸爸拿出一个盒子来。

◎智智打开，一个机器人出现，机器人说话。

◎智智开心地抱着机器人。

有趣的娱乐机器人

同学们，你们想不想有一个机器人的小伙伴陪你们玩儿呢？虽然现在的机器人大多数是为了工作而产生的，但是有一大批机器人是为了成为我们的伙伴而产生的呢！它们就是娱乐机器人哦！

娱乐机器人产生的目的就是供我们观赏和为我们提供快乐的。它们都有惟妙惟肖的外形，有的像人，有的像可爱的小动物，有的像生动的故事书里的主要人物，例如，变形金刚、哆啦 A 梦等。这些娱乐机器人性格都很活泼，它们会行走、能做和我们一样的动作，会说话，有感知能力，一个个能唱会跳，真是不得了呢！现在，娱乐机器人的种类非常多，歌手机器人、足球机器人、舞蹈机器人……真是比比皆是。

是什么让娱乐机器人如此惹人喜爱呢？在娱乐机器人身上，我们使用了多种高科技技术，每一样高科技都会使娱乐机器人变得与众不同。娱乐机器人身上的超级 AI 技术可以使得娱乐机器人通过语言和动作与人类相互交流，从而展示出自己独特的个性；超绚声光技术赋予了娱乐机器人多层 LED 灯和声音系统，由此产生了绚烂的声光效果；可视通话技术让娱乐机器人身兼电脑视频与电话通信的双重使命，大大的屏幕、齐备的麦克风和扬声器，这些满足了我们与异地视频通话的想法；

而定制效果技术则可以让我们按照自己的想法，随心所欲的为娱乐机器人添加效果。

同学们，你们是不是已经越来越喜欢娱乐机器人了呢？

各式各样的娱乐机器人

娱乐机器人为我们的生活增添了无穷的乐趣，尤其是孩子们，特别喜爱娱乐机器人。越来越大的市场使得各个企业争相制造出活泼可爱的娱乐机器人，花样百出让人目不暇接。

日本一直致力于对机器人的研发工作，得到了“机器人王国”的称号，他们的娱乐机器人也是在全世界的市场中都受到欢迎。在日本，

在娱乐机器人的制造方面，最有名的就是索尼公司了，相信大家对这个公司也不会陌生吧？索尼公司生产的“爱宝”机器狗是最受大家喜爱的，因为它们善解人意、活泼可爱，不但懂事而且最善于哄主人开心了，这样的宠物狗，谁不喜欢呢？现在，“爱宝”机器狗已经有了三代了呢！除了索尼公司，还有其他的一些公司也在努力地生产出更受欢迎的娱乐机器人。他们对这些娱乐机器人有了很多的设想，例如，可以自行走动、帮主人端茶送水、可以和电脑连接在一起随时放出音乐，等等。虽然这些想法还没有实现，但是一些小型的机器人已经可以在人类的训练下翻跟头、跳舞甚至是踢足球了！

在人们最初的幻想中，机器人都是跟人类一样的外形，但是现在这已经不能满足人们的要求了，我们开始渴望能有别的外形的机器人出现，于是机器狗、机器猫、变形金刚、哆啦 A 梦……娱乐机器人的花样越来越多了！

教育机器人

机器人的产生是为了方便人们的生活，大多数娱乐机器人都具有自由移动的能力、可装配的手臂还有各种媒体设备，如今，这些机器人越来越受欢迎了。

要说教育机器人的代表，那就要数日本的 papero 了。Papero 的身材很小巧，接口技术十分高级，它的身上居然安装了四个麦克风！靠这四个麦克风，papero 可以更好的听到人们说的话，它可以听懂三千多个单词，六百多个短语呢！同学们，你们有没有被 papero 吸引呢？如果你觉得这些还不够的话，papero 还没有别的本领哦！那就是人脸识别技术，papero 是可以通过它的两只“眼睛”来识别一个人的，也就是说它会记得你呢！Papero 是一个非常能干的机器人，它可以帮助你收发邮件、向亲朋好友发放各种通知、贺卡等，因为可以识别人脸，所以 papero 也能担当起看家的重任，陌生人它是绝对不会放进来的哦！Papero 还能帮你在家看护老人，一旦老人身体有什么不舒服 papero 就会在第一时间通知医生的。还有就是教育功能，孩子能通过 papero 学习，papero 还会跟孩子聊天、玩游戏甚至是跳舞呢！Wakamaru 也是日本的一个优秀的机器人。它有一个大轮子，可以随意走到哪里去，它还有双臂，这样就能做好多事了。Wakamaru 不但记住了一万多个日常用语需要用的单词，而且能够使用肢体语言和打手势呢！对了，Wakamaru 也和 papero 一样，能够识别人脸哦！

现在的教育机器人发展很快，它们能记住的单词越来越多，懂得知识也越来越多，也许有一天，我们都会有这样一位“老师”呢！

小链接

为了激发孩子们的学习兴趣、培养孩子们学习的综合能力，教育机器人应运而生了。除了机器人本体以外，控制软件和教学课本也是必不可少的，教育机器人包括学习型机器人和比赛型机器人。不过随着科技的不断发展，更多种类的教育机器人正在不断涌现。

学生：老师，现在教育机器人的种类这么齐全，那对于机器人爱好者来说真是福音啊！

老师：也不尽然，虽然现在的教育机器人种类很多，功能也很全，但是对于机器人爱好者来说，最大的乐趣就是创造机器人。所以很多机器人爱好者还是喜欢自己设计、编写程序，然后制造出自己的一套机器人来。

医生好助手

◎智智去医院里看姥姥，一进门非常高兴。

◎一个机器人来送药，智智很好奇地盯着看。

◎机器人走后，智智问姥姥。

◎姥姥回答智智。

医院里的新员工

医院是一个神圣的地方，我们把医生和护士都称为白衣天使。同学们，你们见到过医生和护士在医院里往来穿梭吗？你有没有想过有一天机器人也会成为他们之中的一员呢？

不用惊讶，医用机器人就是医院里的新员工，它们为医生和护士的工作提供了很大的帮助。作为一名医务人员，医用机器人拥有强大的智能系统和感觉系统，它们能对周围和自身的情况都了如指掌呢！同学们，你们是不是觉得很惊讶呢？不要惊讶，没有如此大的本领，医用机器人怎么会成为白衣天使们的得力助手呢？否则就只会给医院也添麻烦了！

正如医院里的员工都有自己的工作一样，医用机器人也有不同的工作，有专门负责运送药品和其他物品的运送物品机器人，有帮助病人移动位置的移动病人机器人，有协助医生治疗病人的临床医疗用机器人还有为残疾人服务机器人的康复机器人、护理机器人、医用教学机器人……这么多种医用机器人在医院里各司其职，每天都在忙碌着自己的工作呢！

这些医用机器人都是医院里的优秀员工呢！运送药品机器人的工作主要是协助护士，它们为护士送饭、送病历单还有病人的各种化验单，什么重要的事情都没耽误过哦，它可真谓是个勤快的跑腿医生呢！美国的 Help Mate 机器人就是运送药品机器人的典型代表呢！

同学们，大家都知道，在医院里有各种各样的病人，有些病人是行动不便的，可是如果护士想要移动他们要怎么办呢？不要担心，移动病人机器人会帮助护士的！它们的力气很大，动作也很温柔，总是在医院里忙忙碌碌地移动或运送这些瘫痪和移动不便的病人呢！

还有护理机器人也很棒呢，它们不仅可以分担护理人员琐碎劳累的工作，还可以帮助医生确定病人的身份、准确地发放药品呢！这些还不能让我们满足，科学家们还在继续研究，希望未来的护理机器人可以做更多的事情，例如，为病人测体温、清理病房还有通过视频传输帮助医生了解病情！

护士助手

同学们，不知道大家知不知道护士助手呢？我这里说的护士助手可不是实习的小护士们哦，而是一种机器人的名字。

刚一听到这个名字你的脑海中浮现出了什么场景呢？机器人跟随在护士身后忙碌，随时听候护士们的差遣？我可告诉你们哦，虽然它的名字叫做护士助手，但是却不是只会听护士话的呢，而是有自己的想法的机器人呢！

世界上的机器人各式各样，同学们有没有产生疑问。“是谁发明了世界上第一台机器人呢？”答案就是恩格尔伯格先生，他是全世界公认的“机器人之父”，而护士助手就是他的一个“孩子”哦！恩格尔伯格先生最初是研制工业机器人的，但是在工业机器人最火暴的时候他却退出了，转而开始研发服务机器人，而护士助手就是他的新公司里第一个服务机器人产品呢！护士助手可不是随随便便就研制出来的，恩格尔伯格花费了五年时间才能研制好它，它一“出生”就被各大医院看好，如今，全世界已经有好几十家医院在“雇佣”这些护士助手呢！而恩格尔伯格也成立了一个“护士助手”机器人公司，在这里护士助手既可以出售也可以出租哦！

为什么护士助手会如此受欢迎呢？是什么吸引了我们？原来啊，护士助手是一名非常得力的员工呢，它是一个自主式机器人，什么有线制导还是事先计划它都不需要，只要编好程序它可是什么都能做呢！运送大型的医疗器材和设备、每天定时给病人送饭、送药，帮忙送病人的病历、试验结果等，还有就是在医院里为医生和护士们传递邮件包裹……同学们，你们有没有产生疑问，“护士助手会不会在医院里迷路或者是撞在哪里动不了呢？”哈哈，当然不会了，每一个护士助手的大脑里可都有一幅医院的地图呢，而且依靠它们大量的传感器可以随时感受到前方的障碍物，这样一来是绝对不会跟人或物相撞的。怎么，大家现在已经被护士助手折服了？还早呢！护士助手还有绝活儿，它们还会开门、会给载人电梯打电话并到达自己想要到达的楼层，遇到紧急情况它们还会为病人让路呢！此外，它们还有大大的荧光屏和良好的音响装置。同学们，你们想一想，还有什么事护士助手不能做的呢？这样的好员工，各大医院当然抢着要啦！

临床医疗用机器人

同学们，之前我们说的医用机器人都是协助护士和医生工作的机器人，它们的主要工作就是为医生和护士提供方便，或者是干一些力所能及的体力活，那么，你们有没有想过，医用机器人其实也是可以为我们诊断和治疗，甚至是上手术台的呢？

不要惊讶也不要紧张，这些机器人的医术是非常可靠的！它们就是临床医疗用机器人。医生有自己不同的专业领域，机器人也是一样，临床医疗用机器人包括外科手术机器人和诊断与治疗机器人两种。正如它们的名字一样，外科手术机器人可以进行精确的外科手术，而诊断与治疗机器人则能够帮助我们诊断病情。

日本的 WAPRU－4 胸部肿瘤诊断机器人能够准确地诊断病人是否患病，而美国也在全力研发一种叫做“达·芬奇系统”的手术机器人，在医生的操作下，它可以精确完成心脏瓣膜修复手术和癌变组织切除手术哦！还有我们中国的脑外科机器人辅助系统，已经成功地完成了开颅手术呢！在未来，手术机器人的应用会越来越多，很多手术都会由机器人来做。与人相比，机器人做的手术更精确，还大大减小了病人的创伤和痛苦！

这些机器人还都只是些在地面上动手术的机器人，美国还想研制出在水下和天外都能做手术的机器人呢！到时候这些机器人就能在水下实验室和航天飞机上得到“重用”啦！

小链接

恩格尔伯格是最著名的机器人专家之一，享誉全球的“机器人之父”。他研制出了世界上第一台工业机器人，为机器人的发展做出了重大的贡献，后来他发现了服务机器人的广大市场，于是放弃了工业机器人的研究，转而攻克服务机器人的难关，现在的恩格尔伯格是“护士助手”机器人公司的主席。

师生互动

学生：老师，医用机器人除了用在医院外，还可以用在别的地方吗？

老师：当然，美国就计划将医用机器人应用在军事领域呢！2005 年的时候他们就大量投资用于研究“战地外伤处理系统”，这套机器人是可以在战场上根据医生的指令对伤者进行手术的！

看不见的机器人

◎智智盯着蚂蚁搬家，妈妈在一旁。

◎妈妈笑着告诉智智。

◎智智疑惑。

◎妈妈笑着说。

认识纳米机器人

同学们，你们知道什么是“纳米”吗？纳米是一个极小极小的长度单位，有多小呢？这么跟你们说吧，10 亿纳米才等于 1 米，现在你们知道纳米有多小了吧？大家是不是感到奇怪呢？什么东西会这么小呢？你别说，还真有东西是要靠纳米来计量大小的，那就是分子和原子，除此之外，还有机器人。

机器人?！听到这三个字你是不是惊讶地张大了嘴呢？不要惊讶，人类是真的可以研制出纳米机器人的！目前我们已经有三代纳米机器人，而且这三代纳米机器人真的是一代比一代更厉害呢！同学们，你们准备好来听一听这些纳米机器人了吗？可不要被吓到哦！第一代纳米机器人是结合生物与机械之后发明的，它可以进入血管来执行任务的！进

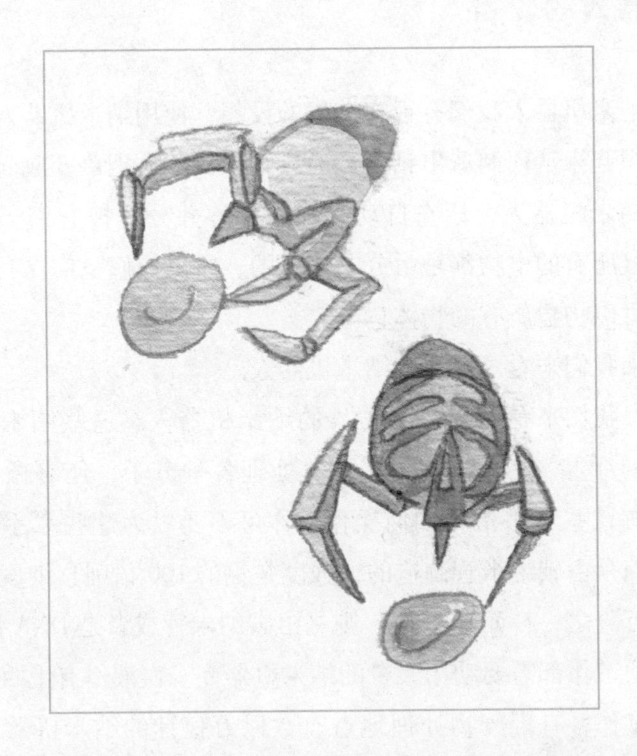

入血管之后，它可以对人体健康进行全面检查、治疗疾病、修复人体的缺损器官、做整容手术还可以用正常的 DNA 替代有害的 DNA 呢！怎么样？是不是很厉害啊？先不要激动，后面还有更厉害的呢！第二代纳米机器人做得更加的到位，它是直接由分子或者是原子装配而成的装置呢，而且还具有特异功能哦！第三代纳米机器人更加了不得，它不但包含一个纳米计算机，而且还有能进行人机对话的装置呢！

同学们，听到这儿你是不是对纳米机器人的能力赞叹不已呢？这还

只是现在的纳米机器人，相信经过我们不懈的努力之后，未来的纳米机器人还会为我们做更多的事情，治病、清理有毒废物、制作钻石、鞋子、筑路、制作汽车甚至是建造楼房！这些想法挺起来可能会不可思议，但是未来一定会实现的！

纳米机器人的应用

关于纳米机器人我们有很多美好的设想：使用纳米机器人把单个的碳原子组织起来从而制造出钻石；通过纳米机器人把草变成面包；在人血中放入纳米机器人，让它自动寻找胆固醇并分解掉它们。科学家认为，世界上所有的事物都是由分子构成的，所以他们坚信，利用纳米机器人一定可以构建所有的物体！

接下来我们来看一看这些纳米机器人。

首先，我们来看看会“工作”的纳米机器人。这些纳米机器人都有微小的“手指”，可以轻而易举地处理各种分子，还有微小的“电脑”来指挥这些“手指”如何操作。你可不要以为这些“手指”很脆弱哦，它们是由碳纳米管制造的，强度是钢的100倍呢！细度却只有头发丝的五万分之一！而“电脑”则是由碳纳米管或者是DNA制造的。

每一项工作都需要动用大量的纳米机器人。血液里有上百万的纳米机器人在工作；有毒废物处理地点有数以万亿计的纳米机器人在“上班”；制造一辆汽车需要以百亿计的纳米机器人一起“动工”。因为每一样工作都需要大量的纳米机器人，所以纳米机器人都会自我复制哦！

但是，什么事情都是双面的，纳米机器人也不例外。如果纳米机器人忘记了自我复制怎么办？那样的话我们把所有的希望都寄托在了它们的身上，后果将会是无法计量的！还有，如果纳米机器人突然不受控制了怎么办？要是它们像癌细胞一样疯狂了，而我们又没有办法阻止它们，它们甚至会把整个地球变成一块巨大的奶酪！

同学们，听到这里，你们是不是感到害怕了呢？不要害怕，也不要担心，科学家们早就想到了这些，所以他们给纳米机器人设计了一种软件，使得它们在复制数代之后就会自我摧毁，还有的纳米机器人只能在某些特殊的条件下才能复制哦！

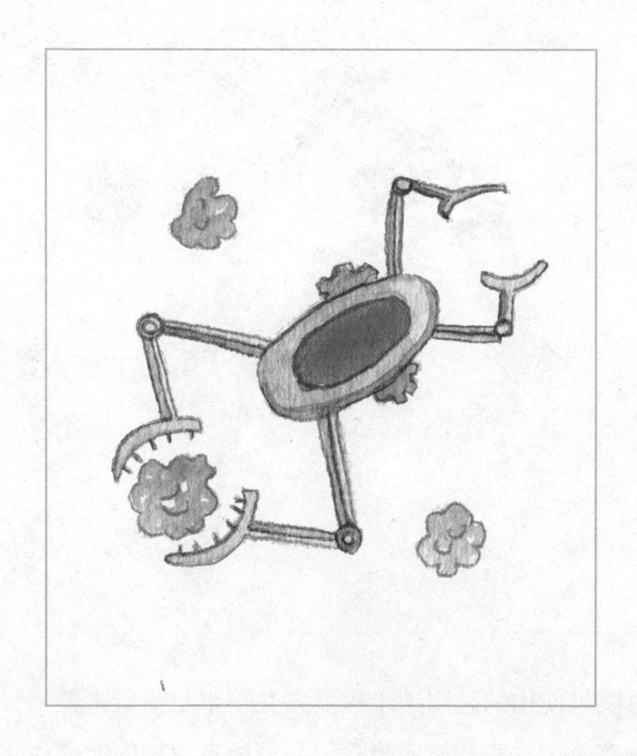

同学们，听了这些，你们是不是急着看到这些纳米机器人呢？哈哈，恐怕大家要失望了，因为我刚才说的那些纳米机器人是不存在的，而是科学家们的一种美好的想法，不过大家不要绝望哦，相信在几十年之后，这些纳米机器人一定会跟我们见面的！

纳米血管机器人

同学们，之前我们已经说过了，有一种可以进入血管的机器人，但是受到血管本身条件的限制，血管机器人的发展不是很好。目前我们有两种血管机器人，即纳米机器人和 MEMS 血管机器人。

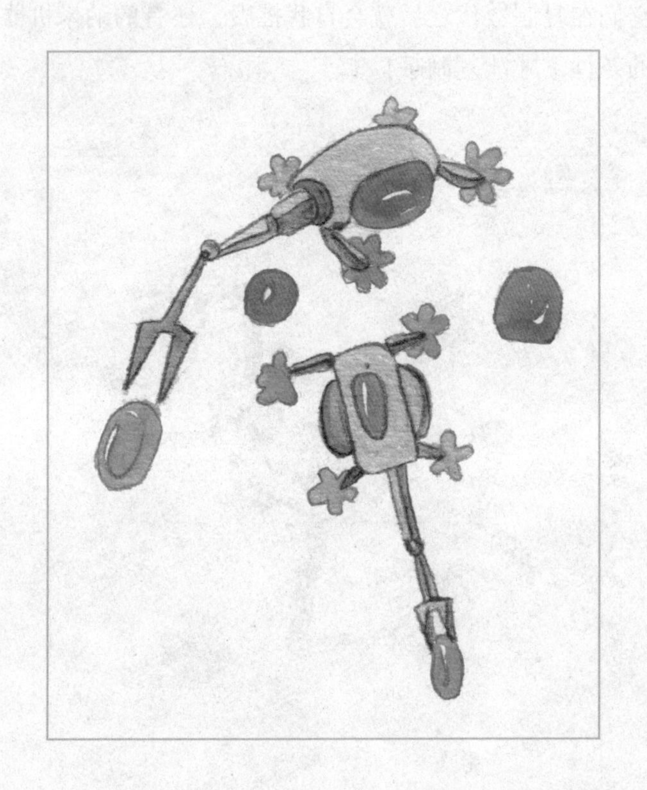

现在医院里使用的医用纳米机器人几乎都是血管机器人，它们对治疗疾病十分有效。大家知道，当我们的身体有感染的时候往往或使用抗生素，可是，你们知道吗？其实只有一小部分的药物起到了治疗作用，大部分药物都是起副作用的！不过血管机器人就能解决这个问题。试想一下，一个血管机器人在血管中巡逻和检查，发现了病变的细胞，那么它就可以修复这个细胞，甚至是杀死这个细胞，这样一来，很多疾病都可以有效预防了！这只是对血管机器人最简单的功能的设想，以后的血管机器人还可以为人体动手术甚至是为脑部动手术呢！

小链接

MEMS机器人是另外一种血管机器人，与血管纳米机器人相比，这种机器人的使用更多一些。随着MEMS技术的不断进步，MEMS血管机器人也取得了更大的进步。现在，微机电系统得到了空前的发展，人们做的机器人也越来越小了，说到底，其实MEMS血管机器人就是普通机器人的微型化呢！它是靠磁场和微电池来驱动而不是马达。

学生：老师，纳米机器人这么厉害，会不会有人利用它们做坏事呢？

老师：这是自然，纳米机器人的强大能力是大家有目共睹的，它的诱惑力非常大。未来的我们极有可能看到纳米警察机器人与纳米坏蛋机器人作斗争呢！

贴心的康复医生

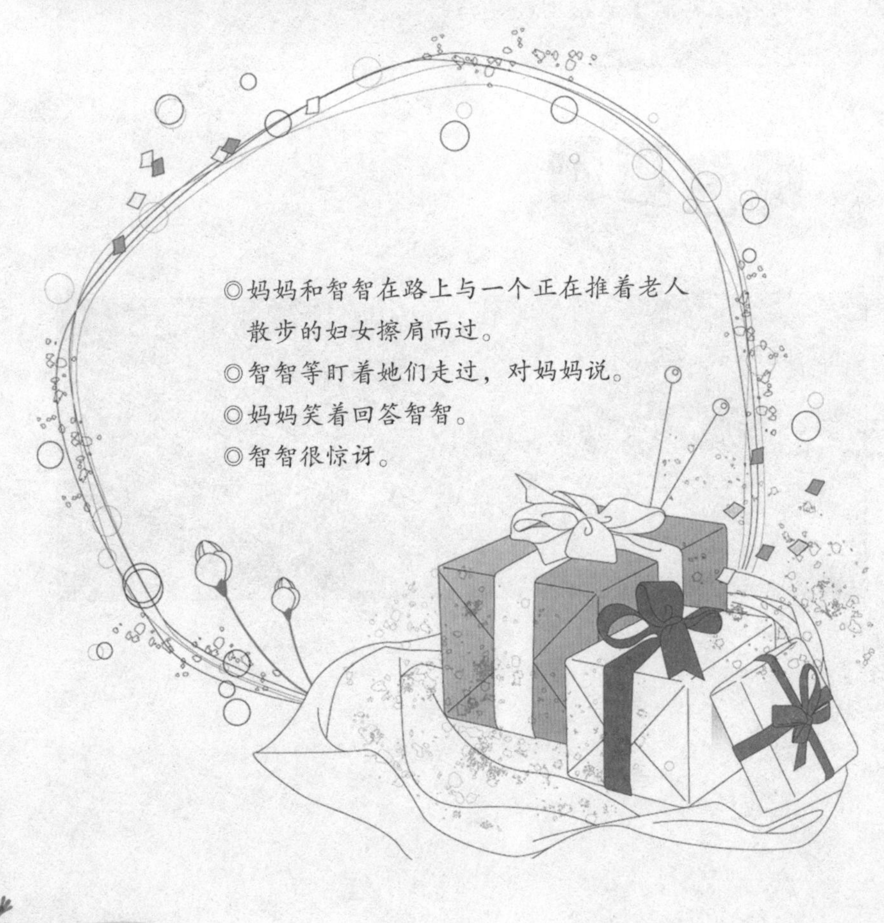

◎妈妈和智智在路上与一个正在推着老人散步的妇女擦肩而过。

◎智智等盯着她们走过，对妈妈说。

◎妈妈笑着回答智智。

◎智智很惊讶。

康复机器人

在医用机器人中有一个重要的分支，那就是康复机器人。康复机器人是专门为残疾人服务的医用机器人，目前有好多残疾人都在依赖着康复机器人呢！同学们，你们知道为什么要把康复机器人单独分出来吗？当然不只只是因为它们的功能，而是因为康复机器人贯穿了多个科学领域，例如，康复医学、机械力学、计算机科学还有机器人学等，把这么多高科技技术都集中到自己身上的康复机器人已经被广泛应用到了康复护理、假肢还有康复治疗等方面，国际上对康复机器人的研究都予以了高度重视呢！说到康复机器人，它可以说是工业机器人和医用机器人的结合，目前我们主要研究的康复机器人包括医院机器人系统、智能轮椅、康复机械手、假肢和康复治疗机器人等。

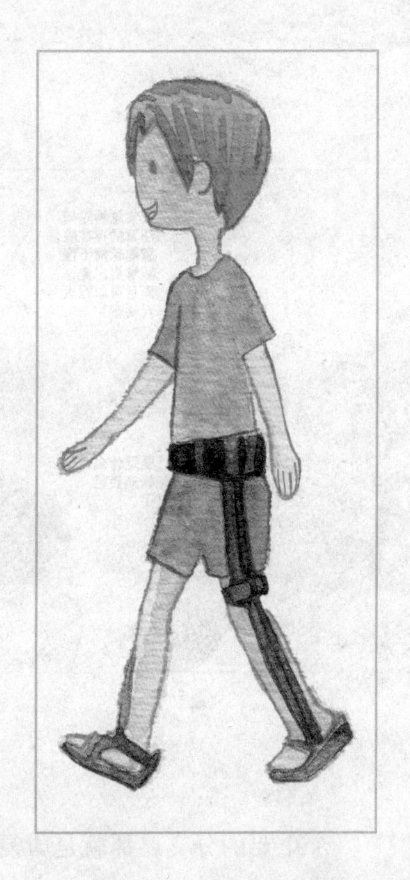

在世界上众多的康复机器人中，最成功的低价康复机器人系统就是Handy1 康复机器人，好多发达国家都在使用它们。Handy1 康复机器人是一种很棒的康复机器人，它们有好多种功能呢！首先，病人们可以根据自己的需要决定机器人有几个托盘，每一个托盘都有自己的功能，例如，饮食托盘，洗漱托盘还有化妆托盘。同学们，你们会不会感到担心，Handy1 康复机器人有好多功能，我们如何控制它们呢？不要担心，我们已经给它们设置了控制器，还有控制它们的手柄。设置好的 Handy1 康复机器人就有识别语音和语音换成的功能，同学们，大家想一想，有这两项功能的 Handy1 康复机器人能做些什么呢？没错，它们是可以和我们通话的！而且它还会所有的欧洲语言呢！有了 Handy1 康复机器人的帮助，残疾人的生活就像正常人的生活一样了，这样优秀的能力吸引了大量的残疾人和护理人员呢！

智能轮椅

现在人们的生活越来越便捷了，更多的机器人正在涌入我们的生活，让我们的生活更方便、更多彩。同样，残疾人迫切地需要机器人为他们的生活提供便利，于是大量的康复机器人出现了，智能轮椅就是其中之一。

同学们，我们都知道人类的生命是脆弱的，虽然我们不愿意看到，但是还是有各种天灾人祸降临到我们身边，有时虽然我们侥幸没有失去生命，却有可能失去了我们的双腿！交通事故、疾病还有地震等天灾，因为这些，每年都有上千万的人失去行走能力！同学们，你们是不是也被吓着了呢？面对这些惨剧，我们没有办法挽回，唯一能做的就是利用科学来帮助他们。

如今，研究智能轮椅已经是各国的热点了，有些国家已经研制出了一种机器人轮椅，它们有很多重要的功能哦！口令识别与语音合成功能使得它们可以和人进行语言交流，机器人自定位功能可以让它帮助残疾人到任何他们想去的地方，动态随机避碍功能可以使得它们不撞到任何障碍物上去，此外它们还有实时自适应导航控制等功能哦！

中国的康复机器人

在我国，康复机器人的研究也很发达，少数几个研究出机器轮椅的国家就有中国。此外，我们还研究出了一些其他的康复机器人。

目前，我国浙江的 RE－Hand 医疗器械有限公司正在研究一种重要产品，这款产品将会造福不少病人，这就是康复机器手。老人都比较体弱，很多老人在中风之后很难康复，例如，中风之后手指可能就动不了了，这时如果不予理睬，手指就会蜷缩成一团，再想恢复更是难上加难了。而康复机器手就可以很好地解决这个问题，在它的辅助下，病人的手指可以得到很好的锻炼，继而更好地恢复。在未来，康复机器手肯定能帮助更多的中风病人恢复健康！

在哈尔滨，一种“智能促动手（指）功能恢复医疗仿生机械手”问世了。这种机器人能够改善病人手部外伤的治疗效果，还能有效地防止患者手指关节功能障碍发生呢！同学们，如果问你，你身上最灵活的是哪里呢？你会回答什么？没错，就是我们的手，手是我们最精细的部分了。正是因为手很精细，所以手伤十分难治愈，而机械手就是来为我们解决这个难题的！在使用的时候，我们只需要把这个仿生康复训练机械手套在手上就可以了，剩下的事情交给机械手就可以了！这只机械手会按照临床康复专家的指令对我们的手进行有效地锻炼哦！

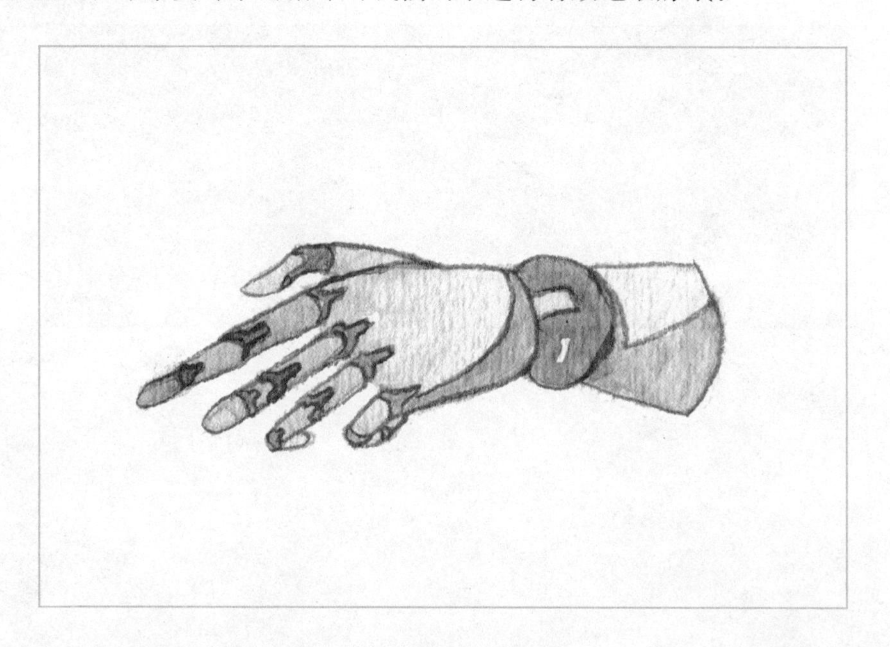

其实，中国还有好多康复机器人呢，这些康复机器人活跃在各地，接近自己所能为我们做出了巨大的贡献呢！

小链接

假肢也叫做义肢，是一种人造肢体，目前的假肢主要以钛合金和碳素纤维材料为原料制造。当病人面临截肢的时候，我们可以用假肢来代替病人的缺损肢体，假肢有上肢假肢和下肢假肢。义肢与义体的概念是不同的，它的功能性较强，只是指上下肢而言。

学生：老师，我已经知道了什么是义肢，那么义体又是什么呢？

老师：义体的概念其实和义肢是很相近的。义肢就只是指人体单个的上下肢，而义体的范围就要更广一些了，它不但包括四肢，还假发、假鼻子等。

有智慧的机器人

◎智智在看漫画《机器猫》，妈妈在旁边。

◎妈妈回答智智。

◎智智抱着妈妈的胳膊问。

◎妈妈笑着回答。

什么是智能机器人

同学们，你们知道什么是智能机器人吗？刚一听到这个名字的时候，你脑海里呈现出了什么样的场景呢？一个机器人像我们人类一样做各种事情，并且处理得井井有条？的确，智能机器人确实可以做到这些，而它真正和别的机器人的不同之处是它有一个发达的“大脑”。同学们，你们是不是感到好奇，智能机器人的大脑跟我们的大脑是一样的吗？当然不是啦，其实智能机器人的大脑是一个中央计算机。有了这样一个“大脑”，智能机器人就能自己“思考”了，所以我们认为，只有智能机器人才是真正的机器人呢！

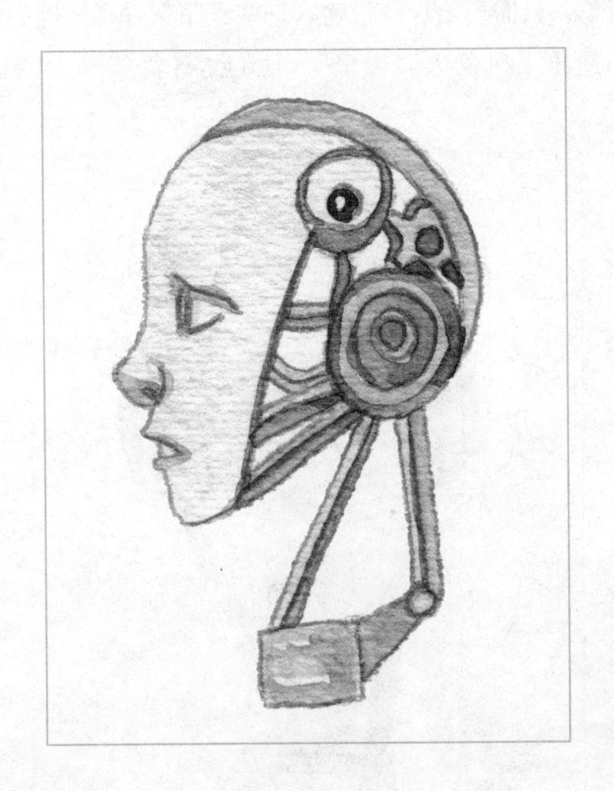

什么样的机器人算得上是智能机器人呢？只要符合有感觉、会运动、能思考，这样的机器人就可以算是智能机器人了！智能机器人是有自己的“意识”的哦，它们有自己的“想法”，有一定的理解能力，有的智能机器人甚至能达到一个小孩子的智力程度呢！

机器人“佩里”

智能机器人有更高的智能，那么利用它们的高智能我们能做些什么

呢？科学家们总是有自己的想法，他们决定让这些智能机器人“做人”！

同学们，你们是不是感到好奇呢？如何让机器人“做人”呢？其实理论很简单，只需要给计算机输入一些程序就好了。例如，斯坦福大学就曾经制造出了机器人“佩里”。他们给计算机输入的程序是这样

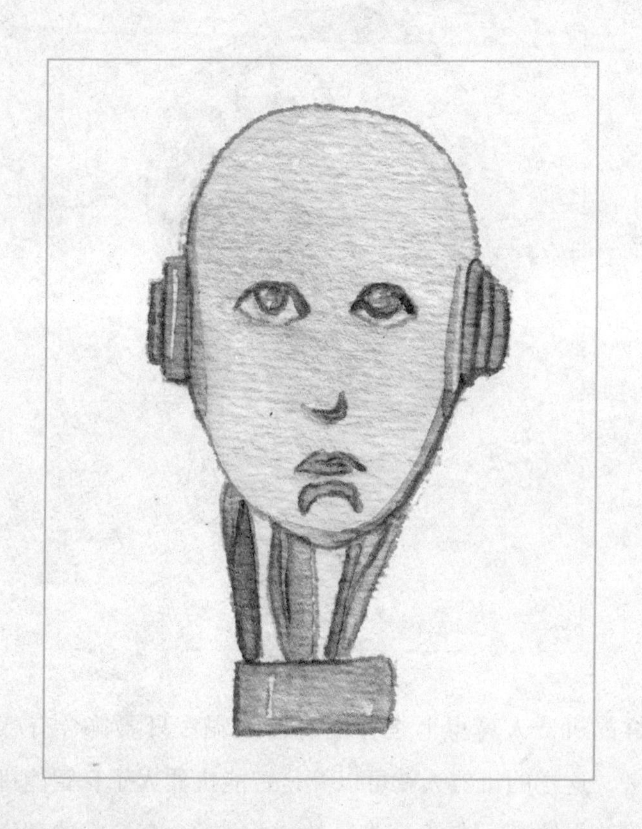

的：28 岁的佩里还没有结婚，他是一名邮局职员；佩里有妄想狂症，他的心理很脆弱，对涉及自己外貌、教育和信仰的问题很敏感；他喜欢看电影和赛马，一次，因为赛马场赌注登记员没有给他赢得的彩金，他竟然愤怒地朝对方扑过去，从此他就开始担惊受怕，认为黑社会会报复自己，只要有人戳到自己的“痛处”，佩里便会激动不已，出现妄想狂症状。

同学们，你们知道，当这样的一连串信息输入计算机后发生了什么吗？“佩里”竟然奇迹般地活了！他的一系列思维逻辑简直就跟真人一样呢！有人安排一群精神病医生通过电话与一些病人交谈，其中就有佩里，虽然这些医生已经被告知，其中有一个病人是个计算机，但是最后却没有一个人识破佩里，而且佩里还跟这些医生发生了好多有趣的对话呢！

机器人专家

同学们，认识了佩里之后，大家是不是感到智能机器人真的很神奇呢？其实佩里还不是最厉害的，有些智能机器人甚至能“控制”我们人类呢！

现在，不少智能机器人掌握了好多专业化知识，有些机器人还做了我们的“技术顾问”呢！为了让这些机器人变聪明，科学家们可是煞费苦心啊，他们几乎把人类专家脑子里的知识“全掏”出来了，再一一输送给机器人，这才造就了这些机器人专家。过程虽然很麻烦，但是这些“专家”并没有让我们失望呢！

1965年，第一个机器人“专家”诞生了，一出生它就展示了自己的才华，帮助化学家们确定了分子的结构呢！还有一个“探矿者”，它是矿藏的技术顾问，工作起来可严谨了，简直就是个认真的地质专家呢！它把地质图和土壤样图都详细地研究了好几次，然后就开始尝试去顶存在的矿床，结果呢？它竟然真的找到了一座蕴藏丰富的钼矿呢！

计算机“医生”也同样厉害呢！只要把诊断结果和主要症状告诉它，它就能为你解释为什么会做出这样的诊断，而是说得头头是道哦！有一位著名的科达“医生”，还能为病人诊断呢，而且有科达给医生们参谋，还可以减少病人化验的次数，为病人省医疗费呢！

同学们，你们是不是开始敬佩这些“专家”了呢？相信以后会有一个“专家队”为我们服务呢！

小链接

按照智能水平，我们可以把机器人分为三个层次。首先是工业机器人，它们只会按照程序工作；然后是初级机器人，它们有感觉、能识别，有推理和判断能力；最后是高级智能机器人，它们可以通过学习和工作经验来修改自己的程序。

学生：老师，智能机器人这么聪明，它们的思维跟我们一样吗

老师：不会的，虽然智能机器人的智能水平很高，但是想要有和我们人类一样的思维那是不可能的，但是我们却可以工作通过快速发展的科技让它们的智力水平不断提高。

特殊的“人类”

◎智智在看往年春晚的回顾，突然喊妈妈。

◎妈妈过来。

◎智智指着电视屏幕上的假郭冬临问。

◎妈妈笑着回答。

认识类人机器人

同学们，你们说，当我们已经发明出了高智能的机器人之后，我们下一步目标是什么呢？没错，就是几乎和人类一模一样的机器人，高智能再加上惟妙惟肖的外表，这样的机器人简直就是我们了！于是，我们给它们起名叫做类人机器人。

类人机器人可不只是外表和我们一样哦，它有和我们一样的智慧，能像我们一样运动和思考。为了制造类人机器人，我们给它们输入了大量的信息和知识，让它们有智慧，我们给它们做大量的“整容手术”，让它们看起来更像我们，但是最难的还是如何让这些类人机器人直立行走！

如果是人类，当然是先学走再学跑了，但是机器人却不同，它们学跑很容易，但是学走却是难如登天呢！这就是为什么我们一直幻想着机器人能和我们人类一模一样，可是科学家却总是研发不出来，因为直立行走是一个难以攻克的难关呢！

类人机器人能做什么

类人机器人有和我们一样的活动行为，能像我们一样思考，听起来是非常神奇的，那是什么赋予了它们这些能力呢？因为我们给了它们一个计算机的“大脑”，让它们能自己去“想”事情，我们还给它们身上布满了各种感应器，这样它们就有感觉了，对了我们还给它们安装了心脏呢！如此多的高科技技术都集中在它们身上，大家说类人机器人能不优秀吗？

同学们，你们有没有想过，类人机器人能做些什么工作呢？其实啊，娱乐和服务工作都很适合它们呢！不知道大家见过“唐明皇”和“杨贵妃”吗？大家注意啊，我说的可不是历史上的人物，而是2010年上海世博会上的“唐明皇”和“杨贵妃”呢，它们就是两个娱乐性的类人机器人呢！在世博会上，它们可是出尽了风头呢！它们在宫殿大殿里笑脸迎客，和参观者一起游戏，还为大家表演了节目，赢得了参观者们热烈的掌声呢！

还有日本的服务类人机器人“贾斯汀”也很棒呢。“贾斯汀”最善于照顾老人，它有四个大轮子，这使得它运动起来非常灵巧，它还有两个机械臂和8跟手指头，无论是粗活还是细活都不在话下呢！有它在，老人就能得到很好的照顾哦！

幻想实现了

一直以来，制造出像人类一样的机器人就是我们的梦想，好多科幻作品都体现了人类的这一想法。韩国的《我的机器人女友》，里面的机器人温柔可爱，善良可人，多么惹人喜爱啊，而且她还有感情，具有特

异功能，真是人类最理想的类人机器人了！欧美的《黑客帝国》里面，虽然机器人背叛了我们，但是也体现了人类希望机器人能够聪明的愿望。这些电影大家也许没有看过，但是《阿童木》大家一定看过吧？阿童木是个善良乖巧的孩子，还有很大的本领，经常做好事，而且他还

有一个温暖的家，有一群真心的朋友。同学们，我想大家一定幻想过自己也有阿童木这样一个好友吧？

现在，我们虽然还不能见到如此厉害的类人机器人，但是，“唐明皇”和“杨贵妃”、“贾斯汀”这些机器人都已经变得越来越棒了。对了，大家还记得有一年春晚上的“郭冬临”吗？它就是一个类人机器人呢！我想，现在大家只要想起来它把冯巩背下去的情节就会捧腹大笑吧？

从前，类人机器人只是我们的幻想，但是今后，这个幻想一定会实现的！

小链接

日本是“机器人王国”，这是他们的国情导致的。日本的劳动力极少，因此非常需要研制出各种高性能的机器人来承担各种工作，这是解决他们劳动力不足的唯一办法。而他们在研发机器人的同时，也带动了全世界机器人的研究进程。

学生：老师，日本是因为劳动力不足而研究机器人，那我们呢？

老师：虽然中国的人口较多，但是机器人也很重要，因为人口老龄化问题在中国也有出现，如今独生子女增多，他们十分需要有机器人来帮他们照顾老人。

人类的复制品

◎智智在看书，突然喊爸爸。

◎爸爸过来，智智神秘地问道。

◎爸爸笑着说。

◎智智跳起来。

哈！仿人机器人

同学们知道什么是克隆吗？那么大家知道吗？其实在机器人中也有一种“克隆”呢，那就是仿人机器人，它是对人类的克隆哦！

仿人机器人是对人类的形态和行为可以模仿而制造出来的机器人，它具有人类的头部和四肢。不过，根据仿人机器人工作的不同，它们的整体外形会有所不同，例如，轮椅机器人和步行机器人的外形就是不同的。

各国都在研制仿人机器人，尤其是日本、美国还有欧洲各国，每一个机器人都很优秀呢！例如，日本的 P3 和阿莫西、美国的科戈等，当然，我国也是不落后的哦！2000 年，我国第一个仿人机器人诞生了。

仿人机器人可以做什么

我们把仿人机器人做得这么好，那么它们可以做什么呢？其实人类的目的是让拥有人类外观的仿人机器人适应人类的世界，代替人类完成许多工作。仿人机器人可以做的工作有好多呢！它们涉足于服务、医疗和娱乐等多个领域。

21 世纪我们进入了老龄化社会，而仿人机器人就能解决我们劳动力不足的问题，护理和照顾老人、看护病人以及在家里做些家务之类的，都是没有问题的。至于医疗领域嘛，恐怕同学们是想不到它的作用的，它是可以用于假肢和器官移植的呢！有了它们的帮助，我们甚至可以帮助瘫痪病人实现行走的愿望哦！娱乐领域自然是不用说了，这样一个接近人类的机器人，到哪里会不是焦点呢？

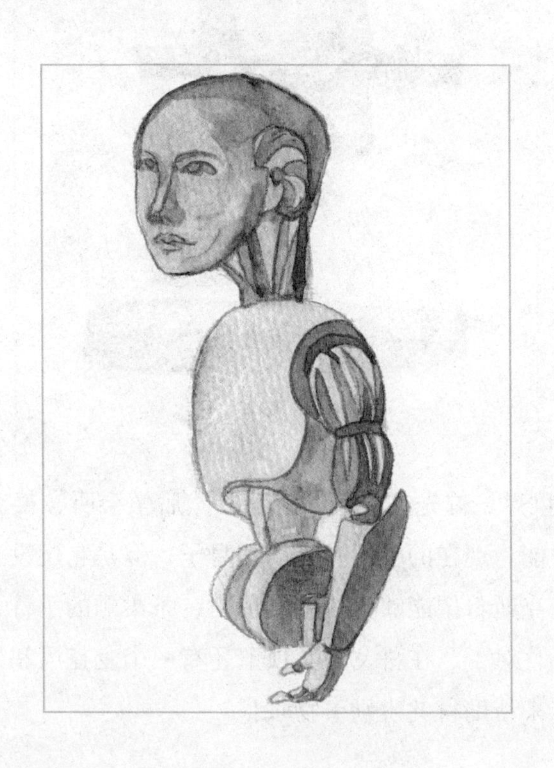

"科戈"机器人

“科戈”是美国研制的一个仿人机器人，它的主人是美国的教授布鲁克斯。科戈有一个发达的大脑，保证它能够自己思考，处理各种事件。同学们，你们相信吗？为了让科戈更灵活，它的身上被安装了上百个芯片呢！有了这些芯片，科戈就能顺利完成各种特殊任务喽！布谷，要想让科戈更棒，那就需要它能够“学习”，这样哪怕是只有两三岁儿童的智力，也算是成功了呢。布鲁克斯说，科戈现在正在努力去自己

“了解”这个世界。首先它要先学会看，然后学会听，接着再一样一样地学会各种技能。现在的科戈有头部和身子，但是它还没有皮肤、手臂和手指，布鲁克斯希望能够为科戈制造出一条柔顺的手臂，这样它就能更加的灵活了！对了，在科戈的头顶上还有一个麦克风和处理器呢，这是为了让声音来帮助科戈辨别事物哦！

小链接

我国的第一个仿人机器人叫做“先行者”，它刚一露面就引起了全国人民的注意，因为它具有和我们人类一样的身体、头部、眼睛和四肢。这些还只是外表，最重要的是它有语言功能哦，而且还可以行走！

学生：老师，为什么各国都在努力制作仿人机器呢？

老师：这是因为仿人机器人集中了多种高科技技术，研制出仿人机器人其实标志着一个国家的科研实力呢！

神奇的仿生机器人

◎下课的时候，智智看窗户外树上的麻雀。

◎老师出现在智智身后说话。

◎好多小朋友围住老师，智智问。

◎老师笑着跟大家说。

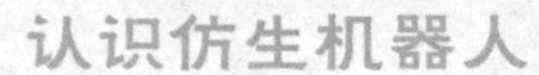

认识仿生机器人

同学们，你们知道什么是仿生机器人吗？仿生机器人的外形完全是模仿生物来制作的，如果你以为这就是仿生机器人的全部，那你就大错特错了，仿生机器人模仿的可不只是外表哦！它还模仿了生物的特点，并且从事相关的工作呢！现在，全球的老年化问题正在日益加重，我们正需要这样的机器人来帮助我们呢！

什么动物都能激发我们制造机器人的灵感，通过对动物们的研究我们可以制造出仿生机器人。比如，蚂蚁的大脑很小，视力很差，但是却拥有高超的导航能力，模仿蚂蚁的这一功能，我们就能制造出在陌生环境中具有高超探路能力的机器人了。利用这种方法，我们已经制造出了几种仿生机器人，每一样都是惟妙惟肖，同学们，你们想认识一下这些仿生机器人吗？下面我就把它们介绍给大家！

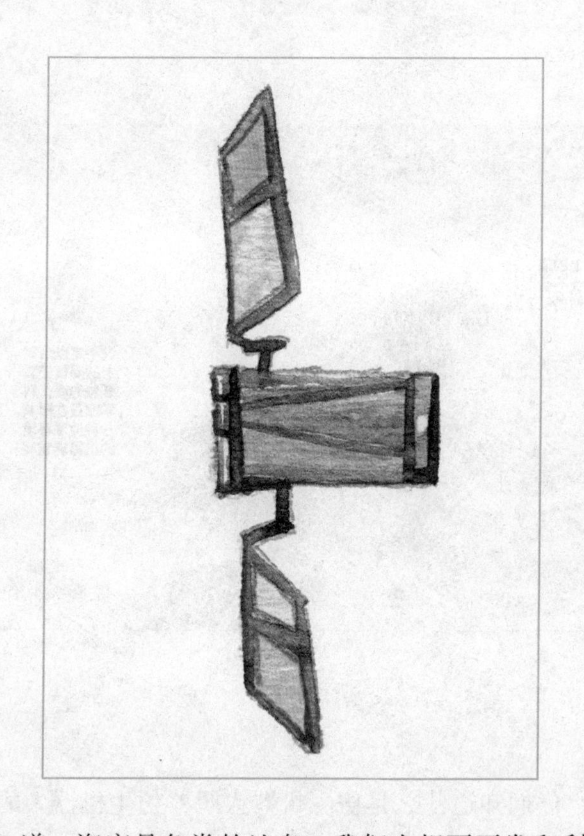

我们都知道，海底是鱼类的地盘，我们人想要开发和利用海底资源总是心有余而力不足，虽然有水下机器人帮助我们，但是我们还是需要更多的帮助，于是我们仿照鱼类制作了机器人。世界上第一个能在水中自由自在游动的机器鱼是一个机器梭子鱼，它既坚固又灵活，在水中真是无所睥睨啊！后来，机器金枪鱼又出现了，和机器梭子鱼相比，机器金枪鱼游起泳来更加的柔软了，好像真实的鱼一样！美国的一只叫做“查理”的机器金枪鱼在海下连续工作了好几个月，做了好多事呢，例如，测绘海洋地图、检测海底污染还拍摄了海底动物呢！我们不只制作了机器鱼，还制作了机器水母呢！这个机器水母可厉害了，它可以监测水面上的情况、探测海里的化学溢出物还能监控水里鱼类的动向呢！还有机器蟹，深海测控、采集岩样、捕捉海底生物、进行海下电焊……这些都是它的工作哦！

同学们，大家是不是觉得这些海底的仿生机器人特别厉害呢？哈哈，其实不只是海底的仿生机器人，一些昆虫的仿生机器人也非常厉害哦！例如，机械蟑螂可以探索太空、排除地雷等，机器蜘蛛可以在火星上畅快地行走……此外还有机器鸟、机器蛙、机器蜗牛等，这些仿生机器人无一不叫人惊奇呢！

苍蝇机器人

苍蝇在我们的人类中口碑并不好，夏天的时候哪里脏哪里就会有苍蝇，苍蝇还是四害之一，总之，我们讨厌死苍蝇了！可是，同学们，你们一定不会想到，科学家们还制造出了一种苍蝇机器人呢！

你一定感到惊讶吧？苍蝇机器人能做什么呢？哈哈，别看咱们讨厌苍蝇，但是其实苍蝇的本事可不小呢！它们可以称得上是地球上最厉害的空气动力学家了。同学们回想一下，每当我们打苍蝇的时候是不是很难打到？明明看到它飞过来了，但是苍蝇却能在一瞬间改变飞行的方向！科学家经过研究发现，苍蝇居然能在 1 秒内转弯 6 次！这还不算，什么空中盘旋、上下直线飞行、向后飞行、翻筋斗都难不倒它们！

看到苍蝇的这些本事，科学家决定研究苍蝇机器人。这些苍蝇机器人身材小巧，最善于能在狭窄的空间飞行了，在地震救灾方面它们就发挥大用场了！岂止地震救灾啊，苍蝇机器人还能参加反恐工作呢！它们可以在山区搜查隐藏得十分隐蔽的恐怖分子、在充满有毒物质的环境中做各种检查！而且，这些苍蝇机器人还是我们的“终极智能武器”，有了它，我们就能准确击中敌人的要害了！

怎么样，这些苍蝇机器人厉害吧？相信十年之内这种机器人一定会出现的！

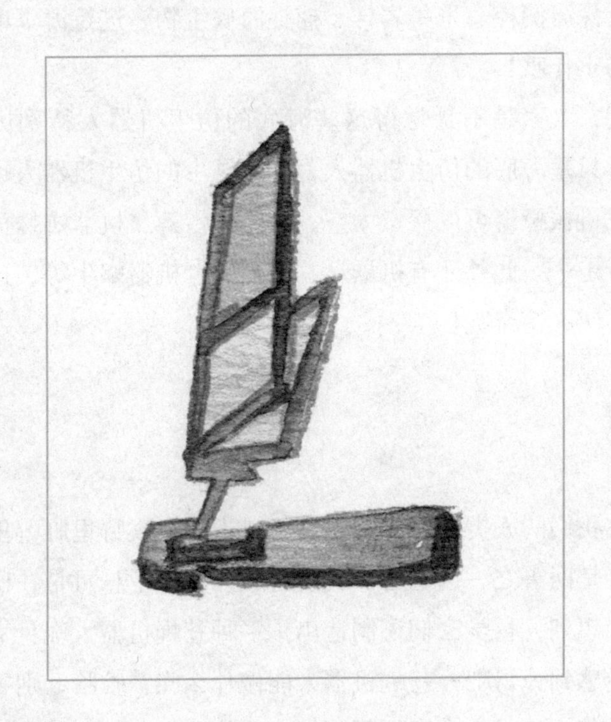

壁虎机器人

壁虎大家都很熟悉，我们时常在墙壁上看到壁虎，正是看到了壁虎能在墙壁上吸附行走，我们发明了壁虎机器人。壁虎机器人和壁虎有一样的本事哦！这样一来它们就可以和苍蝇机器人一起合作，执行一些地震搜救和反恐侦察的工作了呢！

美国正在努力制造出具有黏性脚足的壁虎机器人，这种壁虎机器人是可以“飞檐走壁”的，足底粘在墙壁上绝对不会掉下来的。一旦这种壁虎机器人被制造出来了，它可以去太空探索、维修卫星还可以在一些特殊环境中承担救险工作呢！

中国也在研究壁虎机器人，最著名的就是“神行者”了。“神行者”的身材小巧，动作灵活，智能也很高，有很多工作都能胜任，例如，搜救、反恐、科学考察等。它能在各种墙面上、地下还有墙缝中攀爬，甚至在天花板倒挂行走！而且，无论是什么样的材料都没有问题，光滑的玻璃和金属面也不在话下呢，它还会自动躲避障碍物哦！简直就跟真的壁虎一样啊！还有南航的第一代壁虎机器人，本领也很高，它“四肢”俱全，漂亮极了，不但能做到其他的壁虎机器人能做到的事情，它还能拯救人质呢！壁虎机器人背着摄像头“潜入”密闭空间，拍摄空间的画面，这样狙击手就能精确地击杀绑架者了！

同学们，看到壁虎机器人你是不是更加震惊了呢？你是不是也很想制造出一个仿生机器人呢？那就好好学习科学知识，长大之后你们一定制造出更棒的仿生机器人！

小链接

仿生机器人的产生对解决社会问题有重要影响，例如，一些环境问题、老龄化问题还有医疗问题，有了这些仿生机器人这些问题都可以得到很好的解决，比如，仿生麻雀就可以担当环境监测的任务。

学生：老师，除了执行这些任务之外，仿生机器人还能做些什么呢？

老师：仿生机器人当然还有别的用处，不是每一个仿生机器人的产生都是为了工作的，在发达国家里，机械宠物就十分流行呢！

特殊的宇航员

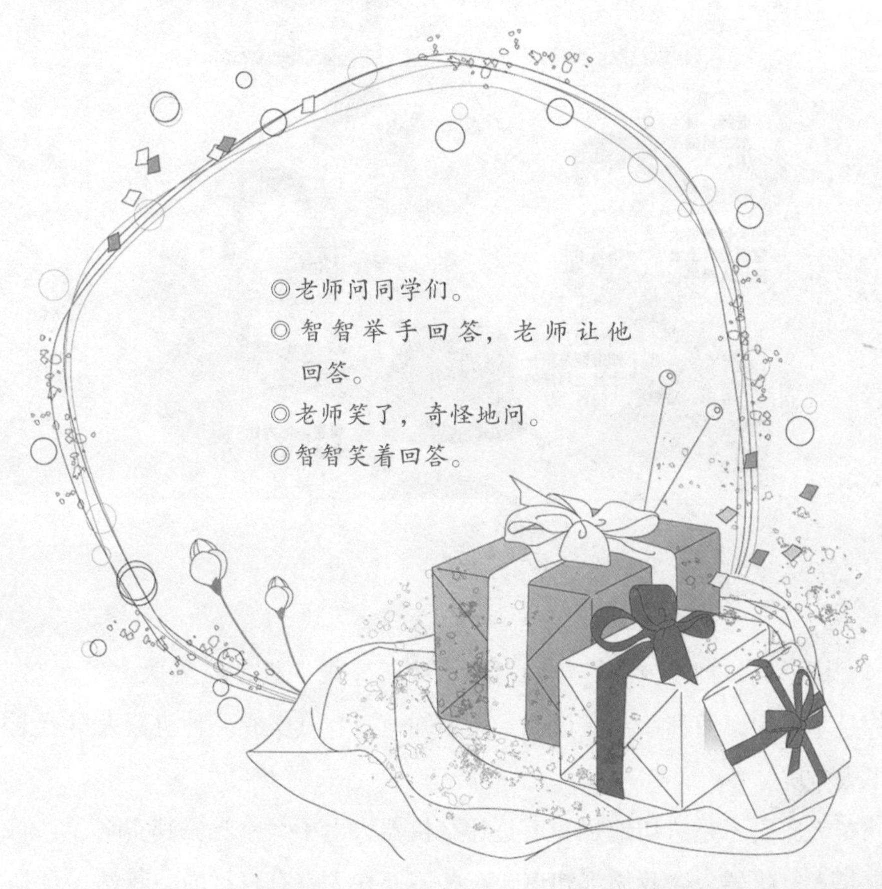

◎老师问同学们。

◎智智举手回答，老师让他回答。

◎老师笑了，奇怪地问。

◎智智笑着回答。

认识太空机器人

同学们，神十就在今年发射了，我国又把一批宇航员送上了太空，你是不是很佩服那些宇航员呢？大家知道吗？其实有一种机器人早就上了太空呢！

大家是不是迫切地想知道是什么机器人上了太空呢？其实啊，它们就是太空机器人。我们都知道，有些国家在太空有自己的空间站，可是平时在太空站工作的是谁呢？当然是太空机器人了！它们就是为了在航天器或空间站上作业而研制出来的一种智能通用机械系统呢！太空机器人既聪明又能干，它有一个电脑，能感知、推理和决策，它还有一个机械臂，这样一来，太空机器人就能在空间环境中完成各种工作了呢！

太空机器人的工作

我们已经知道了，太空机器人是在航天器或者是空间站工作的机器人，而空间环境跟地面的环境是有很大差别的。空间环境失重力，物体总是在漂浮，而且高真空、超低温、强辐射，照明也很差，这样一来，太空机器人的工作难度一下就变大了！

为了让太空机器人更好地工作，我们给它们采用了三维彩色视觉系统和便于更换的灵巧末端操纵器，这样一来他们就拥有了很好的“视觉”、“触觉”、“力觉”和“滑觉”，于是完成任务也就变得简单了！

为了探索宇宙，太空机器人们一个接一个地奔赴了宇宙，2011 年的时候，美国宇航局的类人机器人 RobonautR2A 挥手跟同伴 RobonautR2B 告别了，而 R2B 则乘坐“发现”号航天飞机赶赴国际空间站“上班”了。

虽然现在去太空工作的是太空机器人，但是说不定我们人类也能去宇宙工作哦，所以同学们，你们现在一定要学好科学知识，这样以后才能去探索宇宙的奥秘啊！

太空机器人的“前途”

随着人类探索宇宙的欲望逐渐变得强烈，太空机器人的发展越来越快了。最早的太空机器人都是一些无智能的遥控机械手，可是现在的太空机器人都已经不得了呢！现在，美国、日本、俄罗斯等国家正在抓紧时间研制遥控机器人，这样的机器人可以应用于空间站初级阶段。航天活动现在越来越发达了，未来空间站高级阶段已经提出全自主的要求，而且在星际考察中也要求太空机器人能自主控制，因为地面遥控控制显然已经不现实了。综合来看，未来的太空机器人将会是自主机器人。同学们，你们说，太空机器人是不是前途无量呢？

小链接

神舟十号是中国“神舟”号系列飞船之一，中国的第一艘载人航天飞船是神舟六号，神舟十号是中国迄今为止第五艘载人航天飞船。2013 年 6 月 11 日 17 时 38 分神舟十号载着三位航天员飞向太空，这一次，我国航天员将会在太空授课，这是我国首次航天员太空授课活动。

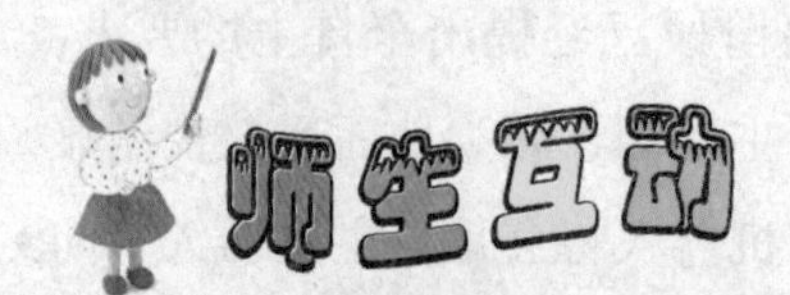

学生：老师，不知道太空机器人有没有分类呢？

老师：当然有了，根据不同的工作，是有不同的太空机器人的。分别是遥控机械手、遥控机器人和自主机器人。

忠实的聆听者

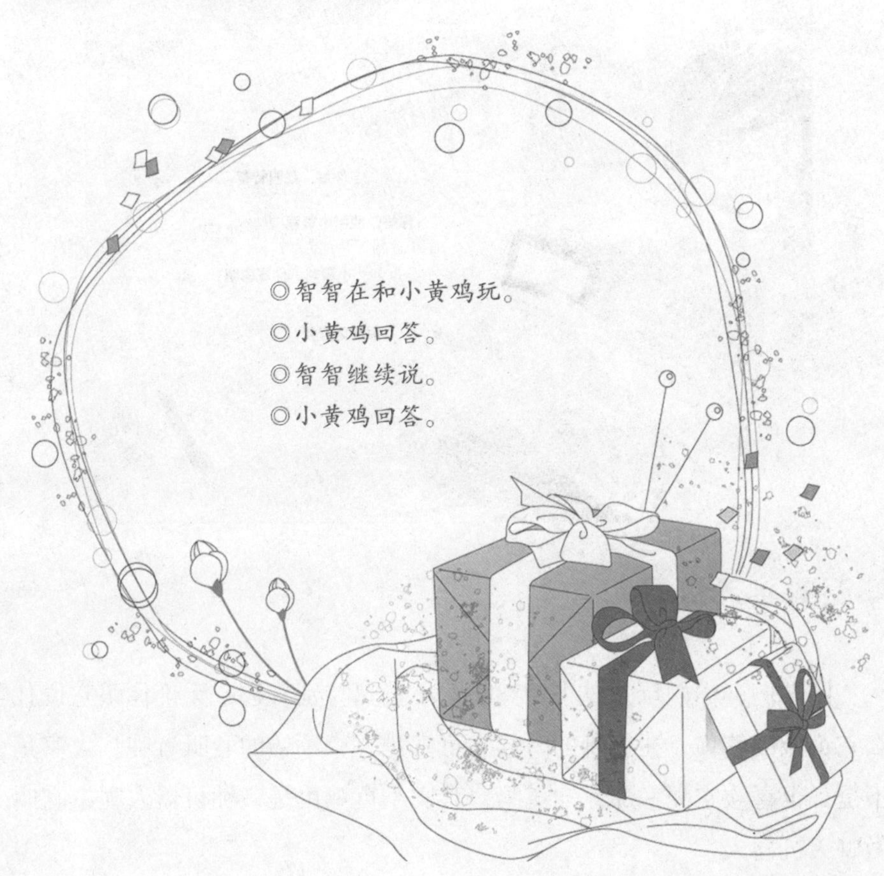

◎智智在和小黄鸡玩。

◎小黄鸡回答。

◎智智继续说。

◎小黄鸡回答。

聪明的聊天机器人

同学们，你们玩儿过小黄鸡吗？小黄鸡特别有趣，无论你跟它说什么它都能回答你，在无聊的时候它可真是一个不错的聆听者呢！大家是不是都很喜欢它呢？那你知道吗，其实小黄鸡也是一种机器人呢，它叫做聊天机器人。

聊天机器人有好多种呢，小黄鸡只不过是众多聊天机器人中的一员哦！世界上第一个聊天机器人出生在20世纪80年代，它的名字叫做“阿尔贝特”，当时它可是一枝独秀呢，不过如今互联网上已经有了形形色色的聊天机器人了。

聊天机器人不但有趣而且充满智慧，它们仿佛知道我们要说什么似的，每一句话都能回答上来，在空闲时间里是一个不错的伙伴。同学们，那你们知道聊天机器人是如何产生的吗？还是我来告诉大家吧！聊

天机器人的产生都要归功于图灵。1950年的时候图灵发表了一篇文章，叫做《计算机器与智能》，在这篇文章里他提出了交谈能检验机器人的智能的想法。他认为，如果一个机器人能像人一样对话和思考，那就是一种智能机器人了。于是，图灵由此获称“人工智能之父”。

受到启发的科学家们开始研制这种聪明的机器人，经过不懈的努力，许多聊天机器人都产生了。同学们，你们是不是很好奇，为什么那

些聊天机器人说的话都那么有趣呢？其实啊，是研发者把自己认为有意思的回答还有一些俏皮话都放到了机器人的数据库里，这样一来只要有人问问题，聊天机器人就能找出最合适的回答来了！聊天机器人多么有意思啊，它们聪明、幽默、随叫随到，真是一个贴心的好朋友呢！同学们，你说聊天机器人这么好，我们能不喜欢它们吗？

机器人“乔治”

同学们，你们知道吗，自从阿尔贝特诞生之后，人们就对聊天机器人产生了浓厚的兴趣，机器人爱好者们都想要研发出更棒更好的聊天机器人。1991 年的时候，美国的一位科学家兼慈善家捐款设立人工智能年度比赛，他的名字叫做休·勒布纳，他以自己的名字为比赛的奖项命名，叫做勒布纳奖。同学们，你们可不要以为这个奖是为参赛者设立的哦，其实啊，这个奖是为参加比赛的机器人设立的呢！它的目的就是奖励那些最擅长模仿人类真实对话场景的机器人哦！不过这个奖项对机器人的要求极高，所以得奖的机器人很少呢！

英国的“乔治”就曾经获得这个奖呢，同学们，大家是不是特别想知道乔治的本领呢？那我们现在就来认识一下它吧！

别看乔治只是一个聊天机器人，但是从它出生到现在七年的时间里，它已经有 1000 万次以上的网络聊天经历了呢！而且，它掌握了 40 种语言，连最厉害的语言专家也比不过它，它还能同时和 2000 多人一起聊天，是不是很厉害啊？大家知道吗，乔治和我们一样爱学习哦，现在的乔治与人对话的时候已经越来越会说话了呢！不但回答问题的时候回答得更恰当了，就连说话的语气也跟我们越来越像了！现在的乔治有时像一个优雅的绅士，有时像一个风趣的搞笑者，性格很丰富，甚至有的时候它还会生气，好多人都不由得相信乔治是一个真是存在的人呢！乔治的发明者卡彭特说，乔治很善于借助人类的智慧、勤奋地学习聊天

者的说话方式，经过每天一点一滴的积累，它的应变能力才会变得如此的强呢！看来，就算是机器人也要像我们一样好好学习才能越来越棒，同学们，就连乔治都知道要好好学习了，我们怎么能输给它呢？

只做一个普通的聊天机器人还不够，以后的乔治还可能去做市场导购员、接线员、宠物甚至是老师呢！同学们，那我们就一起祝愿乔治能实现自己的愿望吧！

各式各样的聊天机器人

当聊天机器人刚刚出现的时候，只有阿尔贝特自己独领风骚，现在却是有一大群后起之秀呢！同学们，你们是不是迫不及待要认识这些聊天机器人了呢？那我就为大家介绍几个聊天机器人认识吧！

首先我们来认识几个国外的聊天机器人。大家都知道乔治是一个很优秀的聊天机器人，其实乔治是有一个强大的对手的，那就是艾丽斯。艾丽斯和乔治一样，是一个热爱学习的机器人，现在的艾丽斯也是一个聊天经验丰富的机器人，而且越来越厉害了呢！艾丽斯是乔治最强大的对手，它已经连续三次夺得了勒布纳奖，还曾一度被称为是最聪明的聊

天机器人呢！还有一个聊天机器人也很厉害，叫做蕾拉伯特，不过这个聊天机器人跟艾丽斯基本上算是“同胞姐妹”了，它只是对艾丽斯稍作改变得来的。此外，还有会说德语的艾尔伯特和伊莉斯，不过现在的艾尔伯特已经学会英语了哦！还有就是 TalkBot，它曾获得两次“Chatterbox Challenge”比赛的冠军呢！

我们国内的聊天机器人也很不错呢，现在会中文聊天的机器人已经

逐渐变得成熟了，例如，小 i、小 A、小强还有爱情玩偶，它们可都是我们在网上的好伙伴呢！是它们让我们在空闲时间获得了乐趣，有了它们我们才有了能够轻松交流的好朋友呢！

现在，互联网上的聊天机器人越来越多了，国外的比利、艾丽斯、艾尔伯特等，还有国内的白丝魔理沙、乌贼娘等，这些聊天机器人都是我们最忠实的聆听者呢。现在聊天机器人们都有了新的活动，它们有了一个“约翰·列侬人工智能计划”，希望能再现当年“甲壳虫”乐队主唱的风采呢！同学们，让我们来一起期待聊天机器人们为我们带来的精彩吧！

小链接

勒布纳奖比赛分为金、银、铜三等奖。如果机器人能通过交谈测试、音频和视频测试，就获金奖；如果机器人能在较长时间谈话中迷惑住一半以上的裁判，就获银奖；如果两个标准都没达到，就为最优秀的参赛机器人发铜奖。

学生：老师，这些聊天机器人都这么厉害，谁获得过勒布纳的金奖呢？

老师：虽然这些机器人都非常聪明，但是到现在为止还没有机器人达到过金奖和银奖的标准呢，不过艾尔伯特倒是获奖机器人中最接近目标的一个机器人呢！

热情洋溢的机器人

◎智智和妈妈去商场，一个机器人过来。

◎智智很高兴，跟机器人说。

◎机器人指着自己胸前的电子显示屏。

◎智智选择了衣服，机器人带他去找，机器人指着衣服说。

导游机器人

同学们，你们喜不喜欢热情的导游呢？导游总是面带微笑，什么都懂，每到一个地方就能条条是道地说出来好多东西，可是，你有没有想过，其实机器人也能当导游呢，而且丝毫不输给人类哦！我国就研制了一个导游机器人呢！

DY－I型导游服务机器人是一个智能导游机器人，这个机器人会很多东西呢，能够自己行走并且有许多传感装置，还能自己策划路线，决定走哪一条路呢！它会识别语言和合成语言，因此是可以和游客对话的哦！每天它行走在各处，可自在了！不过你不用担心它会撞到人和物哦，它可是很聪明的，遇到障碍物就自动避开，遇到人还会打招呼呢！它会跟我们说："您好！欢迎您来到机器人世界。"

现在，科技馆、商店还有旅游场所都可以看到这种机器人的身影，如今，第一代导游机器人已经在中国科技馆里上班一年多了呢！第二代机器人比第一代还要厉害，它还能自动查询信息和市场解说哦！

出尽风头的"明星"

同学们，导游机器人是不是很可爱呢？说到导游机器人，我们不得

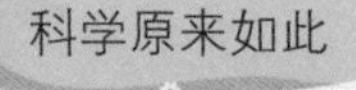

不说一下博览会上的一个“明星”呢！

在1995年的欧洲有线通讯博览会上曾经有一位出尽风头的“明星”。它是一个圆头圆脑的机器人，靠四个轮子行走，圆圆的脑袋上有两个跟茶杯口一样的大眼睛，还在不停地闪着蓝蓝的光。这个机器人就是一个导游机器人，它的名字叫吉姆。吉姆的动作很灵活，从一个展台走向另一个展台，一副“很忙”的样子呢，而且遇到参观者，它还会

分发礼物呢！这个导游机器人一出现就吸引了参观者们的目光呢！同学们，你们设想一下，如果我们身边有这样一个可爱的小家伙，我们怎么能不被吸引呢？于是参观者们纷纷开始逗这个小导游机器人玩儿。

一个男士对它说，“你去向那位女士问好。”于是机器人很乖地走到女士面前，闪着蓝蓝的大眼睛，用脆生生的同音说：“您好！”女士夸奖它说：“你的大眼睛真漂亮！”于是它很高兴地说：“谢谢你，这位

漂亮的女士，你可以从我这拿一份礼物哦！”吉姆这么可爱，大家都很喜欢它，吉姆的主人介绍说，吉姆很聪明，它能听懂英语，选择自己能走的路线，做导游、商场导购等工作绝对没有问题！为了考验吉姆，一个参观者带吉姆去走楼梯，这下吉姆不干了，它抗议道：“请带我去坐电梯！我不会上楼梯！”参观者忍不住夸奖它真聪明，没想到调皮的吉姆毫不客气地说：“我比你要聪明多了！”这句话惹得大家都忍不住大笑起来。同学们，你们是不是也觉得吉姆很可爱呢？相信以后这种可爱的机器人会越来越多呢！

孖Q丽丽

同学们，你们有没有想过，一进商场就有一个机器人过来跟你打招呼呢？哈哈，不要惊讶，广州的一个商场已经有一个导购机器人开始上班了呢！

这个导购机器人叫做孖Q丽丽，它的名字是不是很可爱呢？名字虽然可爱，但是它可不是小孩子哦，而是一个美女呢。孖Q丽丽身高1.66米，一头乌黑的卷发，穿着上衣和裙子。孖Q丽丽会跟人打招呼、握手、说“欢迎”和“再见”、会做迎宾的动作还可以陪逛呢！不过，你可不要以为这就是孖Q丽丽的全部本事哦，它还是个精通普通话、粤语和英语三种语言的语言专家呢！对了，它还会唱歌、背诵唐诗呢！我告诉你哦，孖Q丽丽可不是单身，她不但有“丈夫”，还有“孩子”呢！而且它们一家人都要做导购，将来我们说不定能在商场里看到它们一家人在工作呢！到时候一定要多给它们拍几张全家福啊！

小链接

人工智能是一门技术科学，它是计算机科学的一个分支，这门科学的目的是生产出一种能以人类智能相似的方式做出反应的智能机器，而机器人的研制就是这门科学的一部分。

学生：老师，这些机器人真是厉害，不知道什么时候能在身边看到它们呢？

老师：机器人的发展非常快，现在导游机器人已经在上班了，孖Q丽丽很快也要上班了，相信离机器人时代已经不远了，未来的生活，将会是由机器人为我们提供方便的生活。

生命的拯救者

◎智智在看电视，电视上是解放军救灾。

◎妈妈对智智说。

◎智智目不转睛地盯着电视机看。

◎智智指着电视。

认识救援机器人

同学们，机器人为我们的生活做出了很多贡献，工业、农业、军事等各个领域都有它们的身影，那你们有没有想过，机器人也会挽救我们的生命呢？这些机器人就是我们说的救援机器人。

在我们的身边总是有很多灾难发生，例如，地震、海啸、泥石流等自然灾害，还有火灾、塌方等突发事件，事件发生后，救援人员必须在48小时内把人都救出来，而救援机器人可以为他们提供很多帮助呢！这样就可以更多的人幸存了！

针对救援机器人的重要作用，世界各国都在积极研发它们。尤其是国外，救援机器人的发展非常迅速呢！有些国家甚至已经开始使用了，例如，日本、美国还有英国。日本专门为救援机器人配备了很多先进的技术，使得救援机器人可以在凹凸不平的废墟上行走，甚至走到人无法到达的地方，它们总是能迅速找到幸存者的位置。美国的救援机器人也很厉害，它们还能爬楼梯呢！不但可以寻找幸存者，还能搞侦察和勘测泄漏的化学品呢！有的救援机器人甚至还可以跟幸存者通话呢！现在，美国正在研究苍蝇机器人，这样它就可以在更小的地方活动，拯救更多的人了。

机器人搜救队

救援机器人的作用很大，几乎任何灾难它们都会挺身而出，俨然就是一支机器人搜救队呢！

机器人 iSensys 是专门在建筑物的上方寻找幸存者逃生路线的机器人，它的第一次任务是对瓦砾进行一次彻底的搜索，在非常完美地完成了任务之后，它就被重用了。泥石流、塌方的矿井、坍塌的建筑，这些地方都是 iSensys 的工作场所，它可以救人、可以为幸存者提供水、可以帮幸存者向外传送视频和音频，还可以安慰被困的幸存者！

机器人 Sea－RAI 是救援机器人中的一个小明星，它有一些别的机器人没有的“特异功能”。机器人毕竟不是人类，它有时行动不便，遇到障碍物只能绕道走，于是日本就研制出了机器人 Sea－RAI。Sea－RAI 是一个非常有意思的机器人，它有轮子，在平坦的地面上就滚动前进，那遇到障碍物怎么办？不要担心，Sea－RAI有一个充气圆筒腿呢！遇到障碍物就蹦过去，最高可以蹦3英尺哦！

城市发展越来越快，四处都是高楼大厦，一旦发生火灾、爆炸事件，后果不堪设想，因为现场可能会存在有毒有害气体、火灾中有高温和浓烟、地震的时候还有可能会有余震，因此，救援人员如果冲进去的话，有很大的危险，这时候救援机器人就可以发挥很大的作用，它们可以毫不顾忌的冲进去而不会有危险，因此，在城市救灾中，救援机器人越来越重要了。

废墟上的英雄

同学们，大家一定不会忘记汶川大地震和雅安地震吧？每一次想起来我们都会感到内心十分的沉痛，每当这时候，就会有无数的解放军在第一线参加救援工作，在我们的眼中，他们都是当之无愧的英雄，不过，还有一些英雄是你不知道的，那就是默默无闻的救援机器人们。

虽然我国的救援机器人研究起步很晚，但是进展很快。我们研制的蛇形机器人可以做很多动作，什么前进、后退、翻滚，都不在话下，而且蛇头上还有一个微型摄像头呢！

地震发生后，救援机器人是非常忙碌的。一些爬行的小型救援机器人会在身上背负着生命探测仪只身进入坍塌的建筑物，四处搜索幸存者，有时甚至会走的很远很远，尽可能的探测到建筑物的更深处去。一旦探测到生命，救援人员就可以实施搜救了。在四川雅安地震中，这些小型救援机器人就发挥了很大的作用呢！地面爬行、飞檐走壁、穿越细缝……它们什么都能做到！

最近，我们还新研制了一种空中多功能自主飞行机器人，叫做“旋翼飞行机器人”。这种机器人已经完成了搜救实战演习，正式上岗了。它们可以自主起飞和降落、在空中悬停、航迹点跟踪飞行、在超低空中获取信息，顺利地完成废墟搜索任务。在地震发生后，这种机器人的将会大显身手。

除了地震，我国还有一个重要威胁，那就是矿井塌方。

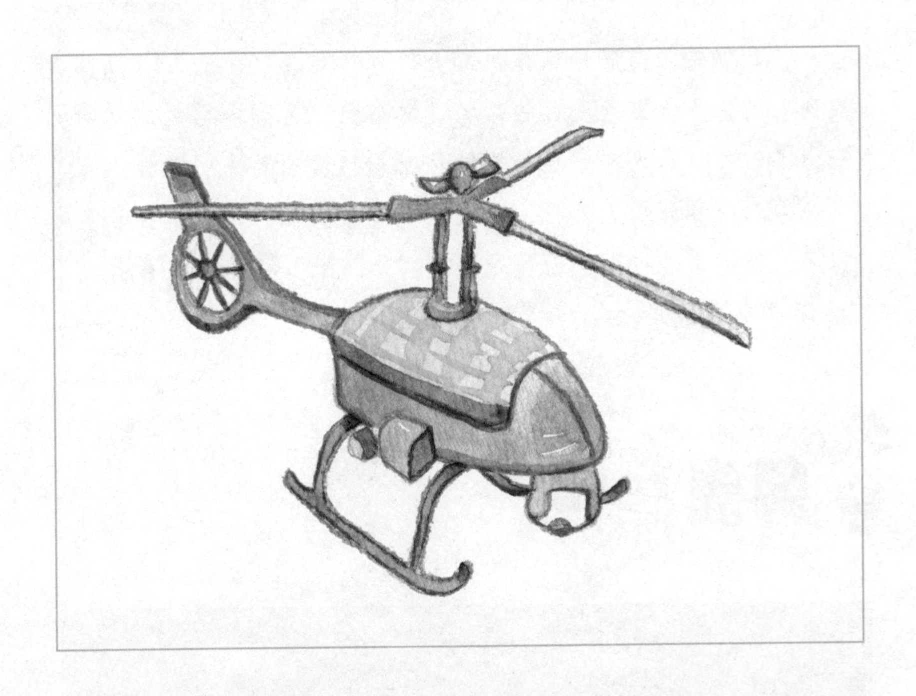

现在，我国煤矿设备并不齐全，大多数都是人工开采，因此，矿井的塌方对煤矿工人们的生命安全造成了很大的威胁。煤矿中有很多不安全因素，例如，瓦斯煤尘和火灾等灾害事故发生的频率很高，而且造成的后果极其严重。当矿井发生事故后，人员搜救会有一定的危险，因此，救援机器人的使用就显得极为重要。这些救援机器人很灵活，爬坡、越障等都不是问题，它们就像一个个无所畏惧的勇士一样，争先恐后地去救人呢！而且，还会为井下被困的矿工们带去食物、药物和通讯设备。同学们，你们说，救援机器人是不是很勇敢呢？救援机器人的本事可不止这些呢！它们不但能帮助救援人员把人救出来，还能监测事故现场，防止事故再次发生呢！

小链接

“废墟搜索与辅助救援机器人”项目是在“十一五”期间被列入国家863重点项目的，经过潜心研究，如今已经成功研制出了三款机器人，分别是废墟可变形搜救机器人、机器人化生命探测仪和旋翼无人机，它们在地震救灾工作中发挥了重要作用，很荣幸地被国家地震局评为“十一五”中最有实效作用的10项科技成果之一。

学生：老师，这些地震中用到的机器人真是厉害，有了它们，地震后就能救更多的人了！除了地震，它们还有什么别的用处吗？

老师：当然有了！现在中国的矿业正在迅速发展，很多煤矿都有塌方的可能性，如果有了这些机器人，那么我们可以尽可能多的救助被困在矿下旷工了！

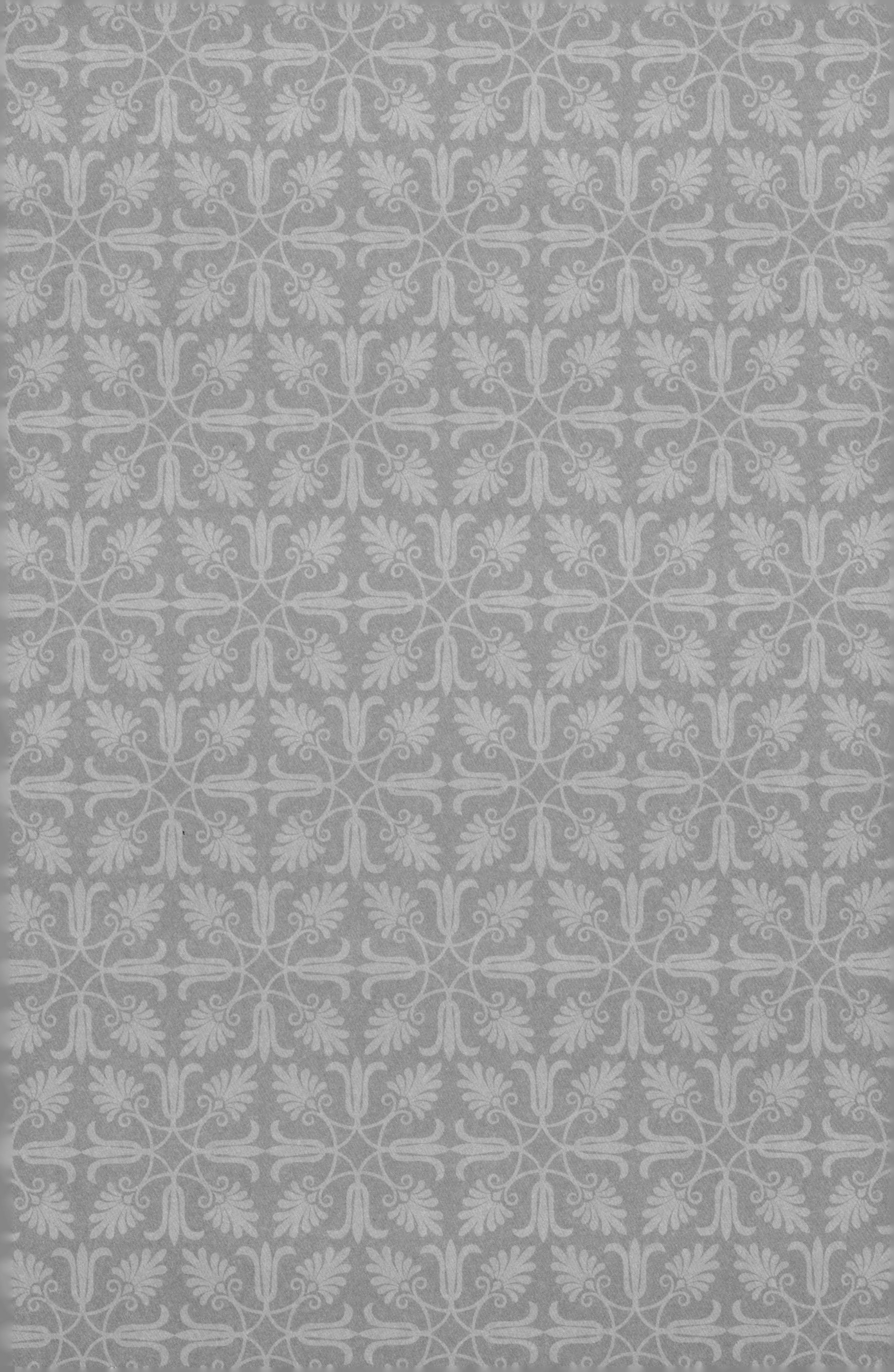

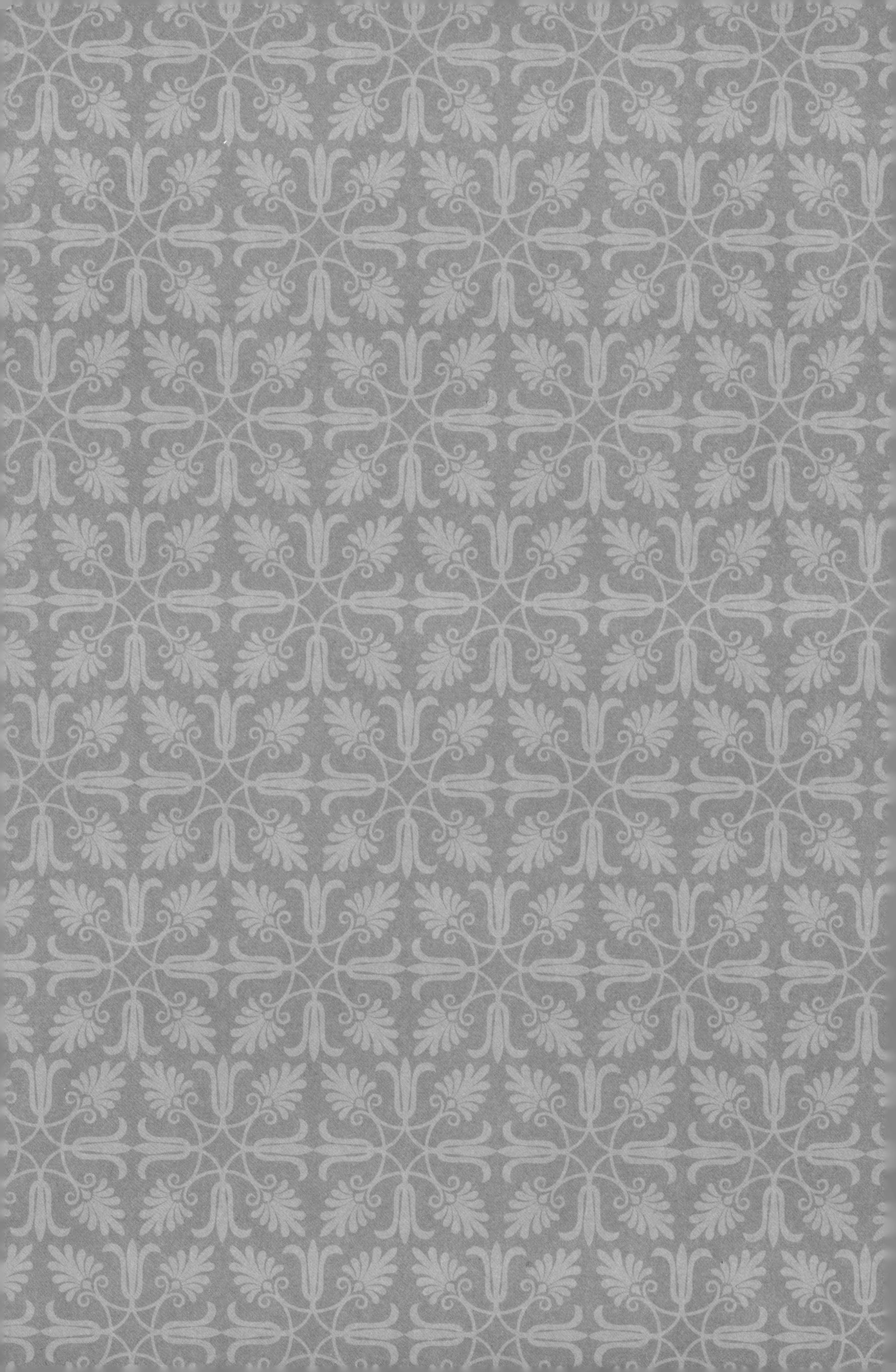